わたし、サイエンスエンターテイナーになる！

五十嵐美樹

WAVE出版

はじめに

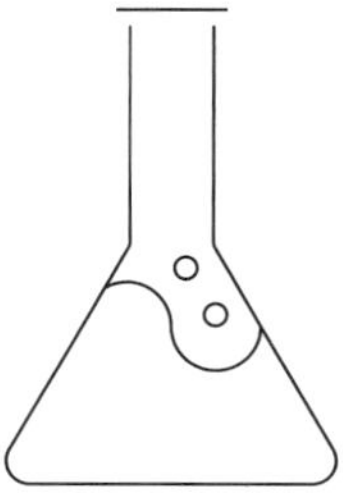

「わたし、アレになりたい!」

少女が指さす先、白衣を着て、生クリームが入ったペットボトルを必死で踊りながらシェイクしているのは……

ダンサー?

コメディアン?

いったい、何者?

〝アレ〟の正体は、他でもない私自身だった。

私は、サイエンスエンターテイナーの五十嵐美樹です。

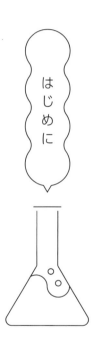

あなたは、「サイエンスショー」というものを観たことはありますか？　科学実験に、エンターテイメントの要素をプラスした、科学実験ショーです。

私は、サイエンスエンターテイナーとして教育施設はもちろん、科学に興味がないと思っているこどもたちにも、科学との出会いの場を創ることができればと思い、ショッピングモールや地域のお祭りといったさまざまな場所で、ダンスと科学実験を組み合わせたショーをしています。

この他にも、普段は大学で講義をしたり、家庭でもできる科学実験をYouTubeチャンネルで配信したり、雑誌の連載を持ったり、取材をして記事を執筆したり、テレビの企画で無人島にも行ってしまいました。

これだけいろいろなお仕事をしていると、一見何をやっている人間なのかわからないかもしれませんが、「これは、科学と社会をつなぐことができるのでは？」と思えることであれば、まずはチャレンジしてみた結果、いろいろな仕事につながるようになりました。

私自身、中学時代にプリズムを使って「虹」を作る実験と出会うまでは、毎日大好きなダンスに明け暮れていて、科学の仕事に進むなんて考えてもいませんでした。でも、その「虹」との出会いをきっかけに、自分の身のまわりにある科学に興味を持つようになり、今に至ります。

いわゆる「理系の仕事」というと、医師、薬剤師、理科の先生とか、ハローワークにも載っているロールモデルを思い浮かべますよね？

でも、理系の仕事って皆さんが思っているよりとても幅広いんです。

科学の本の編集者、書くことが好きな人は科学のライター、絵を描くのが好きな人は図鑑のイラストレーター、科学のテレビ番組を作る人も、科学のYouTuberも、今は科学技術分野の起業家だって。

本書では、私がサイエンスエンターテイナーという仕事を創るまでの道のりにおいて、さまざまな人々との出会いや仕事を模索した日々の悲喜こもごものエピソードを中心に、科学にどっぷりつかったドタバタの日常をお伝えしていきます。

私は、今やっていることが果たして仕事に結びつくのだろうか、という不安を感じながらも「人生は一度しかない！」という気持ちでずっと科学についての発信を続けてきました。

もし今、好きなことが見つからない、進学、就職に迷っている、という思いがある方には、「こんな生き方もあるんだ！」「まずは、何か始めてみればいいのかも……」と、昨日までの気持ちと少し変化が生まれたら嬉しいです。

そして、「こんな科学の楽しみ方があるんだ！」と、少しでも科学の面白さを感じていただけたら幸いです。

目次

3章 サイエンスエンターテイナー、始動する

5章 科学を伝える舞台を作っていく

6章 「理系」の先にあるキャリア

1章

踊る毎日を
虹が彩る

音楽室と朝礼台

この仕事をしていると、よく、

「小さいころから、機械や、生き物が好きだったの？」

と、聞かれるのだが、実はそうでもなかった。家族も理系の仕事ではない。祖父の家で、折り紙や空き箱で工作したり実験したりすることはあっても、特別熱心だった、というわけではなく、理科実験教室やサイエンスショーに連れて行ってもらった、という記憶もない。


幼少期の私は、3月生まれで身体が小さく、走るのも遅くてまわりから心配されることも多かった。今とは正反対の、物静かでシャイな性格だった。でも、その半面かけっこに負けるとくやしくて泣き出してしまうこともあり、負けず嫌いで頑固な一面もあったように思う。

当時、科学よりも先に私が目覚めたのは、ダンス！

両親が共働きだったため、小学生の時、放課後は学童保育に通っていた。そこで、偶然ヒップホップダンスと出会ったのだ。週一回来てくれる、外部の先生のレッスンを楽しみにしていた。

そのころの私は、二歳下の弟に、母を取られたように感じていたこともあり、少しひねくれていた。けれど、その先生が主催するダンスの発表会となると、母と二人で衣装を買いに行けたり、踊る私を見て喜んでもらえたりと、その間、母は私だけの母のように感じられた。ダンスは、母の愛を感じさせてくれる大切な存在になった。

その後、高学年になった私は、さらにダンスに邁進していた。ひとりで踊ることに飽き足らず、メンバーを集めて、校内ユニットを結成した。選曲・出演・プロデュースまでひとりでこなした。

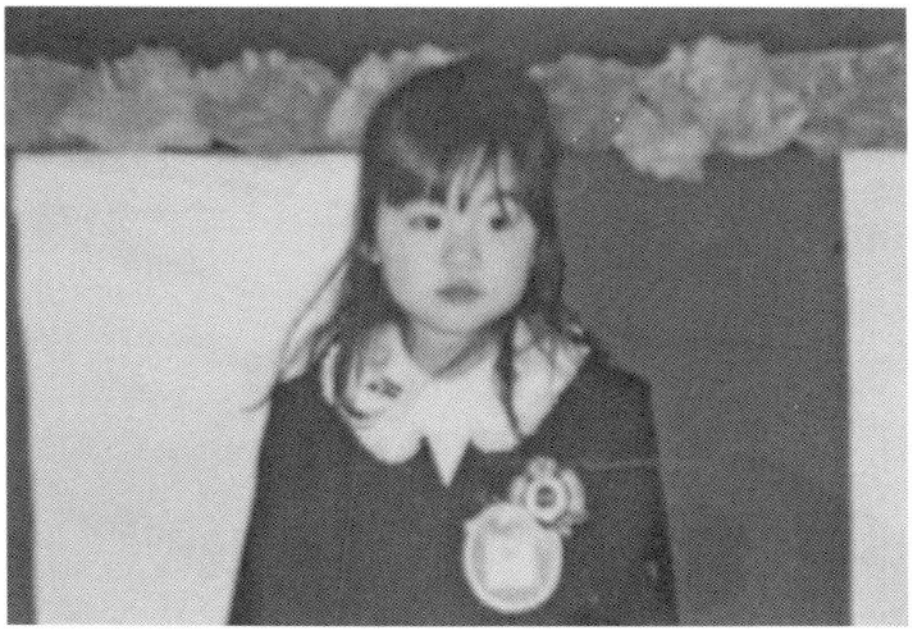

音源は、100円ショップで売っていた1970年代のCD曲。それらをカセットテープにダビングし、小学生ながらダンスの振り付けに合わせて地道な編集作業までしていた。

そして、放課後の音楽室でダンスショーを年四回開催していた。この時は、普段あまり話したことのない友達も観に来てくれて、毎回、音楽室が観客でいっぱいになるくらいだった。一度担任の先生のリクエストを受けて、坂本冬美さんの名曲『夜桜お七』でヒップホップを踊るという離れ業もやってのけた。

そして運動会では、朝礼台という小学生が一度は憧れるステージに立つ機会に恵まれた。晴天が広がる校庭で、大音量の音楽に合わせて、数百人が一斉に踊る景色は壮観！

こどもの時の私にとって、ダンスは、たくさん拍手や笑顔をもらった記憶と結びついていて、今も昔もダンスが私の大事な支えになっている。

そんな私が、どのように科学に出会い、「理系」の道を歩むようになったのか、その話は中学時代まで待ってもらいたい。

虹が科学を教えてくれた

ダンスへの情熱は、中学に入りますます燃え上がっていった。ダンス部に入っていた私は、プロを目指して、当時超人気ダンスグループのバックダンサー公開オーディションにも応募した……が、直前までさんざん迷って、オーディション会場に行かなかった。

当時私の通っていた中高一貫の女子校は校則が厳しかったので、オーディションなんか受けたら、えらくおとがめを受けると承知していたからだ。そのため、中三の時にはこのまま進学するべきか、外部の高校を受けてダンサーへの道を拓くべきか、真剣に悩んでいた。

今でも忘れもしない、オーディションの課題曲は、当時から大好きなダンス&ボーカルグループＴＲＦの名曲『Where to begin』。数年後、高校の文化祭・後夜祭では、うっぷんを晴らすかのようにこの曲で踊りまくった。けっこう執念深いんだな、私って（笑）。

でもちょうどそのころに、私はダンスに負けないくらい大好きなものと出会うこととなったのだ。

それは、中学二年生のある日。

理科の先生が「プリズムを使って虹を作り出す実験」を実演した時、私は息をのんだ。

透明な三角柱から伸びる赤、黄、青……色とりどりの虹、私でも作り出すことができるんだ！

私はプリズムを通して、分かれた光の筋を見て、自分と何かがつながったような気がした。

目の前で起きている現象と、教科書に載っている内容がリンクして、科学が体験となった瞬間だった。実験を通して試し、再現できると気づき、完全に心を持っていくかれたのだ。世の中を見る目が一気に変わった。その日から、私は日々の生活のなかで、科学の法則がどのように日常とひもづいているのか「実験」しはじめた。

授業中消しゴムを握りしめ、えんぴつで書かれた文字は、なぜこすると、消えるのか不思議に思った。それから、こするという行為によって消しゴムにはどんな力がはたらくのかを調べはじめた。

学校からの帰り道には自転車の前カゴにカバンを入れ、急発進し、加速度の影響を体感してみた。どのくらい速度の変化があればカバンは倒れるのか、という実験を繰り返した。

休みの日には、テレビアニメ『美少女戦士セーラームーン』の高速回転技を再現できないかと思い立ち、自宅にある円盤形のツイストボードに乗ってどうすれば高速回転できるかを試したりもした。

実験といっても、いきなり実験道具を購入して、フラスコを振ってバーン！モクモク〜！という華々しいショーにチャレンジしたわけではなく、教科書で習ったことを、普段の生活において自分なりのやり方で「実験」し始めたわけだ。

はたから見れば、ずっと消しゴムを握りしめて、ノートを見つめているようにしか見えなかっただろうし、自転車を急発進させてカバンを落とす、あわてんぼうの中学生だと思われていたかもしれないが、私はいたって真剣だった。

なんて楽しい！　なんて面白い！

科学と私の日常が、完全につながった。

完全にツボにはまってしまった。

でも、その日常の実験は誰にも言わなかった。ダンスと違って、楽しさを誰かと共有しようとはしなかった。ひとりでも十分楽しかったから。この時の私にとって、科学は「自分ひとりで楽しむもの」であり、楽しさを誰かと分かち合うなんて考えもしなかった。

ひとりで地味に実験を繰り返すのも私、仲間とヒップホップのステップを踏むのも私。どちらの私も、私であることに変わりはないけど、なぜか相反するようにも感じていた。大好きな科学とダンス。のちのち、どちらを選択すべきか長い間、考え続けることになる。

楽しめるのもひとつの才能

結局、中学三年生の時点では外部の高校は受験せず、そのまま内部進学という道を選び、学校で思いっきりダンスに明け暮れることにした。高校ではダンス部に加えて、文化祭のステージのためだけにチアリーディング部を立ち上げた。

新しく部を立ち上げた時、部員は私ひとりだったので、まずは部員の勧誘から始めた。目を付けた友達を「多摩川に行こう！」と誘い出し、遊びといいつつ、いつの間にかレッスン。友達も私の勢いに押されたのか、なりゆきでチアの部員になってくれ、文化祭のステージに向け活動を開始した。

文化祭で、私たちは誰かを応援するでもなく、純粋に自分たちのために六人でチアリーディングに挑戦した。

一方、私は遊んでいる時も科学に取りつかれていた。打ち上げ花火を見ても、炎色反応を思い出して楽しむ。「きれいー！」という友達の横で、「ナトリウムが映えてるー」とつぶやく私。火薬に含まれる物質によって、花火の色が変化するので面白くてたまらない。ナトリウムは黄色、カリウムは淡紫色……。

極めつきはディズニーランドに行っても、ミッキーが水分子のモデルに見えて仕方がない。顔が酸素で、耳が水素。どう見ても水分子の化身だ。

こうして、毎日ダンスとチアに明け暮れながらも科学にはまる日が過ぎていき、将来について考えなければいけない時期にさしかかった。数学があまり得意ではなかった私は、高一まで文系コースに在籍していたこともあり、進路に迷った。いくら日々の私的な実験を楽しんでいても、それを進路選択のよりどころにしていいのか迷ったからだ。

今でも私はまわりによく相談するタイプなのだが、自分で判断できないことは、いろんな人に相談する。この時も進路の相談をしていた、担任の先生の言葉で決断した。

H
H
O
H2O…?

「楽しめるのもひとつの才能。やりたいことにチャレンジしたら？」

このひとことで、私は高二から理系コースに進んだ。

この時、私の相談に乗ってくれた担任は化学の先生だった。当時も理科や進路についてたくさん話をしたのだが、社会人になったある日、私は先生を頼って電話をかけた。

「元カレからもらったシルバーリングを、一緒に溶かしませんか？」

当時付き合っていた彼と別れることになった時、もらった指輪の存在が大きかった。せっかく頂いたものを処分するのもしのびないし、どうしよう……と思いあぐねていたところ素晴らしいアイデアが浮かんだ。そう、「実験」だ。そうはいっても、金属を溶かすことができる化学薬品は、安全な管理に加え、環境への汚染を防ぐために、多くの法令等があり、簡単に個人で実験に使うことはできないので、母校にお邪魔することにした。突然の訪問……ではなく、突然の実験の相談に先生はびっくりしただろうが、「面白い実験やるんだね……」と苦笑しながらも理科室で一緒に指輪の反応を見守ってくれた。

まずは銀を溶かす試薬の中にシルバーリングを入れると……表面だけが溶けた。その後もいろんな薬品を試したが、謎の物が残った。……これ、純銀じゃなかった。元カレへの未練を昇華させたものの、溶けずに残った物質の謎に包まれた私を、先生は温かい目で見守ってくれた。今となっては良い思い出となった出来事だ。

さて、高校時代に話を戻すと、女子校の理系コースは少数派。化学と物理の実験は楽しかったが、受験勉強は楽しいとはまったく思えなかった。その上、何よりももっと踊っていたい！という思いが強かった。

この理系コースの勉強は大変だったが、受験での苦労が今の仕事を支えてくれていると感じることも多い。自分なりに受験科目の物理を必死で勉強し、問題の解き方を教室で友達に聞かれた時は、自分自身の理解も深めながら教えていたことを思い出す。

「苦手だ」という友達の気持ちを理解した上で、どうしたら相手にうまく伝えられるかを考えることが求められたからだ。

それでも、

「自分は、このまま科学の勉強をやっていってよいのだろうか」

「科学を学ぶことで、将来の仕事につながるのだろうか」

と、ずっと自信を持てなかった。

結局、「やりたいことが見つからないまま、分野を絞るのをやめよう！」と決め、専門を絞らず幅広く理系分野を学べる上智大学理工学部の機能創造理工学科への進学を目標とすることにした。

「私の進むべき道は？」さまよう大学時代

その後入試を経て無事大学に合格し、上智大学理工学部機能創造理工学科へ進学、なんと女子は一割以下の少数派。それでも、すぐに顔と名前を覚えてもらえるという良さはあった。そして大学でももちろんダンスサークルに入った。講義や実験が忙しかったため、練習に参加できる時間帯は深夜、その後、朝から講義……という生活だった。

三年生からは、超伝導を研究テーマに選んだ。超伝導とは、簡単にいうと物質の電気抵抗がゼロになり、電流を流しやすくなる現象のこと。私は超伝導体物質を実用化できないかという研究に明け暮れていた。

超伝導体物質とは、抵抗がなく、熱や音、エネルギーを放出せずに、電気を伝導することができる金属化合物や合金のことで、一般的に使用されている超伝導材料には、アルミニウムや亜鉛、鉛、チタンなどがあり、それらの物質を層で重ねて、構造をX線で解析したりしていた。

実験に向き合う日々は、充実していて楽しかったものの、修士課程に進学するならさらに超伝導体物質と向き合って専門性を深めていく必要がある。当時は、自分が超伝導体物質の研究者になるというイメージまでは湧かなかった。

中二で虹の実験を見てから、ずっと「社会や日常生活と科学をつなげたい」と考え続けていたが、私が「これだ！」と思える仕事は大学でも見つからなかった。やがて就職活動を前にして、理系学生が進むさまざまな職業を見渡したが、その中にはピンとくるものは、やはりなかったというのが正直なところだ。当時はその正直な気持ちすらも、言語化できていなかったように思う。

でも、大学を卒業したら社会に出て自分の力で食べていかなければならない。やりたいことを見つけるために、必死だった。

意を決して、インターンシップへと応募したのが環境省と大手家電メーカー東芝でETC（高速道路などにおける自動料金支払いシステム）を担う部署。ETCに興味を持ったのは、社会的インフラを支える仕事で貢献したいと考えたからだ。理系学生の就活は、研究室経由の紹介や2〜3社のインターンシップをして決めることが多かったりする。環境省にも直接連絡をしてなんとか受け入れてもらい、社会と科学をつなぐ上で欠かせない、騒音対策の現場を経験させてもらった。セールスエンジニアという立場で、現場の要望を工場とやりとりする業務を経験し、最終的に、東芝から内定を頂いた。

就職が決まり万々歳、のはずだが、なぜかもやもやは続いた。ダンサーになる夢もあきらめきれなかったのだ。大学に入り、プロを目指してダンサー養成スクールに通い始めていて、人気グループのバックダンサーも経験した。でも、ここでもダンスに人生を振りきれなかった。

「せっかく大学の学費を払ってもらっているのに、大学の専攻と関係ない職業についたら両親をがっかりさせてしまうかもしれない」とひとりでどんどん考え、深みにはまっていってしまった。結局、「社会と科学をつなげる」仕事に未練があったのだ。

ダンスと科学の軌道が重なった〝ミス理系コンテスト〟

このまま就職すべきなのかと悩んでいる時、ちょうど一年前に「第一回ミス理系コンテスト」なるものが開催されたことを知った。学生団体が、理系のイメージアップを目的に行ったイベントであり、数学や理科の知識が問われることに加えて、特技披露で選ばれるらしい。

特技⁉　理系専攻の学生だし、ダンスも踊れるし、これは私が出るしかない！　理系のコンテストなのにダンスができる場があったのだ！

大学四年生の私にとって、今年がエントリーできる最後のチャンス。でも第二回の開催告知がなかなか行われない。もう待てない、と学生団体に直接連絡を取り、ファストフード店で代表者に会った。

「今年も、ミス理系コンテストやらないんですか？　二回目があれば出ますよ！」
忘れもしない。ポテトをほおばりながら、こんこんと熱意とやる気を伝えた。
こうして、大学四年生の秋、第二回ミス理系コンテストが開催される運びとなった。

会場は、下北沢の地下のライブハウス。ヒップホップダンサーにとってはアングラは燃え上がる雰囲気でもあり、会場を埋め尽くす観衆を前に、参加者は数学の問題を解き、理科のクイズに答えた。観客は男女入り交じり、学生も社会人もいて、理系のイメージアップを盛り上げようという人たちが出場者を見守った。

そして、おまちかねの特技披露。他の参加者は、歌を歌ったり、手作りクッキーを配ったりしていた。私は、中三の時に受けられなかったオーディションの課題曲、ＴＲＦの『Where to begin』をバッキバキに踊った。会場からは、「おおーーーっ！！」とどよめきがあふれた。

なんとこの執念のダンスが功を奏したのか、理科のテストの点数に加えて、客席からの投票によりミス理系の栄冠を頂くことができた。

磁石の同じ極同士のように反発しているように思えたダンスと科学が、ステージという場で、お互いに引き合ったように感じられる瞬間だった。

こういう、ありそうでなかった、〝ユニーク〟な場所が私が求めていた場所だったのだと気がついた。ダンスを踊り、大好きな理科の知識をみんなと共有することで、喜んでもらえるなんてこれ以上の幸せはない。ミス理系の受賞を機に、私なりに社会に向けて貢献できることがあるのではと考えるようになっていた。

column

1

日常のいたるところに、サイエンス！

ある日サイエンスショーの前にお手洗いに行った時のこと。ショーのことで頭がいっぱいのまま、手を洗おうとして、自動で手洗い・乾燥ができるタイプの洗面台で、順番を間違えてしまった。通常は、「水→石けん→水→乾燥」だが、その日に限って、「水→石けん→乾燥」にしてしまったのだ。石けんだらけの手に乾燥用の風を当てると石けんの泡にたくさんの空気が送り込まれてしまい……。

とたんに、まわりに大量の小粒のシャボン玉が舞った。偶然、トイレに入ってきたこどもが「もう、サイエンスショーしてるの!?」とびっくり。「まだ実験ショーじゃないんだよ～」と説明して、あわててまわりを片付けた。きれいな光景だったけど、後始末が大変なので、皆さんは絶対間違えないようにしてほしい！

シャボン玉つながりで思い出すのは、『マリオシリーズ』に登場するテレサというお化けキャラ。友達とゲームの『マリオカート』をしていた時、テレサのプカプカした動きが、どうしても「二酸化炭素の上に放たれたシャボン玉」に見えて仕方ないことがあった。

ここで、どんな状況かを説明しよう。水槽の中に二酸化炭素を入れると、二酸化炭素は空気より重いので、見えないけれど水槽の下の方に溜まる。そこへ、空気でふくらませたシャボン玉を投入すると、二酸化炭素より軽いため、空気を含んだシャボン玉は、二酸化炭素の上でプカプカとバウンドする。その動きが、テレサにそっくり！「ねぇねぇ、テレサの下にあるのは二酸化炭素じゃない？」と友達に話しかけたら、「なにぃ？　ゲームに集中しようよ！」と言われてしまった。

科学の知識ってどんな時に役に立つの？という疑問を持たれるかもしれないが、日常生活で科学を意識すると、案外役に立つ。

例えば、静電気に悩む季節、どんな素材の服を組み合わせれば静電気を抑えられるか。科学の知識があれば、帯電性の高いポリエステルでできているフリースを着る時は、摩擦が生じても静電気が起きづらい木綿のシャツを組み合わせよう、と思いつく。

私なら、ゴム底靴を履いて暴れている人には近づかない（笑）。暴れている人は服が擦れて静電気が発生しているが、電気を通しにくいゴム底靴だとその静電気が地面に流れないため、その人のまわりに静電気が溜まる。触ると、強くバチッとくるのだ。これを知っているのと知らないのとでは大違い、かもしれない。

科学は、日常生活のそこかしこにあふれている。

2章

“ダンス”と
“科学”は
化学反応を起こすのか

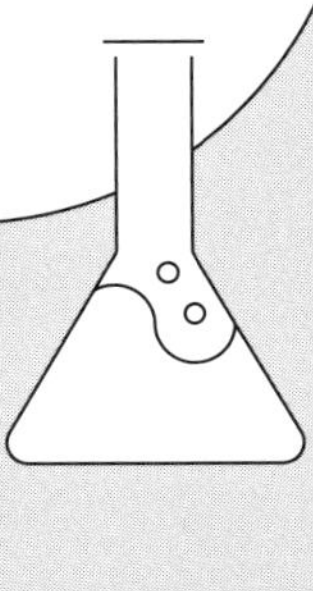

虹が見せてくれたもの

　下北沢での余韻を引きずりながらも、２０１４年4月、私は東芝に入社した。そしてインターンシップで経験した、高速道路のＥＴＣシステムを管理する仕事に配属された。社会のためになる仕事に関わっているというやりがいを感じるし、はじめての仕事は楽しかった。一方、私の選択は正しかったのか、という不安もよぎる。でも、充実した環境を捨てるのも怖い……。

　根本的には、中高生時代から変わらない悩みなのだが、〝ミス理系〟の舞台での経験がよみがえり、ことあるごとに他にもっと取り組むべきことがあるのではないかと感じた。

　こどものころから好きだったダンスと、大好きな科学が結合した瞬間。あの化学反応をもう一度起こすことはできないだろうか。科学とダンス、どちらかを選ぶのではなく、その二つとも仕事にできればいいのに。

自分の〝好き〟を爆発させて、それが人々に評価されたがゆえに、私の悩みはさらに深まっていった。

もんもんと悩み続けたまま、就職し一年が経過したころ。気分転換に温泉へ行き、お湯につかりながら「今年も、このまま仕事を続けていいのかな……」と延々と考え続けた。この時は、悩みというレベルを越えて、人生に絶望すら感じていた。いくら考えても結論が出ない、もういい、お風呂からあがろう、と立ち上がった瞬間、視界が暗くなり意識を失った……のぼせたのだ。

気がつくと、私はお風呂の床に転がっていて、心配そうな大勢の人に囲まれ、周囲には血の跡が……。まるで、殺人現場のような様相を呈していた。

注目を集めていた恥ずかしさからなんとか立ち上がり、脱衣所でドライヤーをかけると、手には血が……。なんと、血痕は私のだった！　そして後頭部がぱっくり割れ、流血していることに今更ながら気づいた。

「これは、さすがにヤバい」と一緒に来ていた家族がすぐに病院に連れて行ってくれて、大事には至らなかった。

この時、私は一度死んだ。十針程度のケガで済んだのは不幸中の幸い、打ち所が悪ければ死ぬ可能性もあった。ケガをした頭をやさしくさすりながら、人間って簡単に死ぬのかな……と思い、はっとした。

自分のやりたいことが組み合わせられないから選べない、と悩んでいた自分。死を間近に感じ、命拾いして、「やりたいことをやらずに人生を終えられない」と悟った。

そう思い立ち、今よりももっと、科学と社会をつなぐ活動に関わろうと、会社が開催しているこども向けの実験教室でボランティアを始めた。さらに、ジャパンGEMSセンター（科学と数学の体験学習プログラム、現在はELMSセンターと改称）に通い、こどもたちにどうやって科学を伝えたらよいのかも学び始めた。

もちろん会社に属したまま科学と社会をつなぐこともひとつの選択肢だ。しかし、私はだんだんと、自分の仕事を自分で創っていくことはできないだろうか、と考えるようになっていた。科学と社会をつなぐ仕事を創り、科学を伝える仕事で独立するためには、世の中の仕組みやビジネスのルールも知らなければならない。自分の思いを届けるには広報の勉強が必要だと感じた。興味を持っていただくにはアイデアを出して、企画書も書く必要が出てきた。お仕事にするためには、営業も。これくらいの解像度で何もスキルがない状態であったが、こういったスキルを身につけたいという思いで、私は会社を退職し、ベンチャー企業への転職を決めた。

また、個人のホームページも立ち上げ、自分の活動実績を発信し始めた。自分が何者であるかを伝えるために、どのように名乗ろうか……と思いあぐねていた時、科学で感情が動くことを大事にしたいという思いと、科学を表現して伝えたいメッセージを込めて、「サイエンス×エンターテイメント」という言葉が思い浮かび、サイエンスエンターテイナーという肩書で活動を始めた。最初は「こんなウェブサイトを誰が見るんだろう?」と疑心暗鬼だったが、ある日テレビ局からの出演依頼が舞い込んだ。

無人島でサバイバル？

「明後日から、一週間無人島に行けますか？」

サイエンスエンターテイナーとして活動を始めていた2015年秋、テレビ局から電話があった。「え？　はぁ、はい」と返事をすると、本当に無人島に行くことになった。人生、何があるかわからない。しかも明後日からって……。


無人島では、それぞれ異なる分野のプロたちが協力しながら一週間共同生活を送り、誰が一番活躍したかを評価し合う。そして持ってきていいものは、それぞれの職業でいつも仕事で使っている道具だけ。

謎の液体や、フラスコやビーカーを持っていくわけにもいかず、私は途方に暮れた。結局、私は普段から実験のためにカバンに入れている、金属製の「ワニロクリップ」を持参。こどもたちに科学を教える際、電球や電源をつなぐアレだ。

飛行機と船に揺られて無人島に着くと、漁師、大工、歌手、料理人、マンガ家、メジャーリーガーら、さまざまな職業の強者たちが集まっていた。うん、これならなんとか生き延びられそう。

と、ほっとしたのも束の間。漁師は海に潜って魚を獲り、大工は木を集めて寝床を作り、メジャーリーガーは獲物に向かって石を投げている。サイエンスエンターテイナーは……ここでは役立つ気がまったくしない。生活と科学を結びつける！と息巻いていた私だが、今のところ虹もシャボン玉も無縁のサバイバルが進行中。

無人島生活において、最も重要なものは何だろうか。それは、獲った魚を調理したり、川の水を沸騰させたり、暖を取ることもできる「火」だ。太古、人

類は火を手に入れたから、文明が発展した。

それだけ重要な火は、限られた条件で起こそうとするととても大変だ。島の天気は変わりやすく、湿っている木では使い物にならない。


やがて夜になり、闇が我々に迫る。

雨が降る中、もう時間がない、なりふりかまってはいられない。

「プライドなんかどうでもいい。みんなの力（道具）を借りよう！」


早速、それぞれが何を持っているかを物色。漁師は、海に潜る時に使う「水中ライト」、マンガ家は絵を描くために「シャープペンシル」を持っている。そして、私はあの「ワニ口クリップ」を持っている。

なんと雨の中でも火を起こせる条件はそろっていた！


「あのー、それ貸していただけませんか？」

漁師さんから水中ライトを借りて、〝電池〟を取り出す。マンガ家さんから、シャー

プペンシルを借りて、〝芯〟を取り出す。

きょとんとする二人を横目に、電池を直列につなぎ、ワニ口クリップで芯とつなぐと……

パッ！

芯が熱をおびて光った。

そもそも、火を起こすためには、物質を発火温度まで到達させて小さな火口を作り出す必要がある。それを少しずつ大きくしていけば炎になり……。

芯は、黒鉛でできている。黒鉛には「電気伝導性」があるので電流が流れて熱を持ち、光るのだ。

そしてこの熱を、木の下にあった濡れていない草や葉に移して風を送り続け、火を起こすことができた。

無事、サイエンスエンターテイナーの名誉挽回。みんなの力と科学の力を結集して、無人島を脱出した。

サイエンスショーは可能性の宝庫？

この無人島企画は、大みそかに放送されたため、反響が大きく、以後、少しずつ仕事の依頼を頂くようになった。

しかし、新たな仕事を待っているだけでは何も始まらないので、科学の楽しさを伝えられる場所を求め、企画書を手に、いろんな人に相談した。

はじめは、学校などの教育現場なら私を必要としてくれるのでは？と考えたのだが、そこにはすでに科学を伝える場があり、科学を伝える人もいて、私の出る幕ではなかった。

なかなか自分が必要とされる場を見つけられず、思いあぐねていたある日、ある商業施設からサイエンスショーをやってみないかと声をかけていただいた。家族連れが多い場所がら、親子で楽しめるイベントを探されており、私の企画に興味を持っていただいたようだった。

運命の2017年春、私は都内のある商業施設の広場に立った。

これまでは、主に科学に興味のある人たちが集まる場所で実験やその原理の解説をしてきたが、ショッピングモールという場所は完全に私のテリトリー外。お買い物に来ている時に、サイエンスショーに興味を持ってくれる人がいるのかすら怪しい。

大勢の人でにぎわうショッピングモールでは、何をしているか気づいてもらえず、素通りされることも日常茶飯事。まずは、お客さんに立ちどまってもらわなければ！

この時、用意していたのは生クリームからバターを作る実験だ。生クリームをペットボトルに入れて、ひたすらシェイクしてその変化を見るのだが、これは……踊るしかない。

雷に打たれたように〝ミス理系〟のステージの記憶がよみがえり、再び、科学とダンスをかけ合わせ、勝負に出た。

原理を説明しながら、生クリームを入れたペットボトルをひたすら激しく、
シェイク！シェイク！！シェイク！！！
そしてダンス！！

「ダンシングバターシェイク」の誕生の瞬間だった。

ショー開始と同時に人が集まり、一緒に踊り出すこどもたちが現れ、会場は大盛り上がり。これが科学を通じてコミュニケーションが広がる可能性を感じた最初の機会となった。

この「ダンシングバターシェイク」の動画は、のちにX（旧Twitter）で再生回数250万回以上を記録し、多くの方々にサイエンスエンターテイナーを知っていただくきっかけになった。

分かれていた道が一本に

サイエンスショーとダンスを組み合わせたのが功を奏したのか、現在所属する事務所から声をかけられたのもこの時期だ。時を同じくして、実験教室や科学ショーの様子を撮影し、YouTubeチャンネル「ミキラボ・キッズ」に上げ始めた。

踊りながら実験をすることにためらいは感じなかったが、科学を伝える仕事をしている人たちにこのパフォーマンスがどう思われるかは実はすごく気になっていた。科学実験をしながら踊るなんて前代未聞。「怒られるのでは……」と密かにビクビクしていた。ところが予想に反して、私と同じようにたくさんの人に科学を発信している方たちがとても応援してくれたのだ。科学の楽しさを伝えたいという情熱でつながる世界は、懐が深いのだ。

こうして、ダンスと科学が大好きな女の子だった私が、右往左往しながらもようやく「サイエンスエンターテイナー」という職業を見つけた。

それまでの私は、限られた自分の知っている職業名を自分に当てはめようとしてきた。でも、私のやりたいことは、その仕事という箱になかなかすんなり収めることはできなかった。

でも、今の私は自分が「やりたいこと」「できること」、そして自分に「求められること」の三つが重なるところを探し続ければ、それが仕事になっていく、ということを身をもって実験している最中なのだ。

column

2

みんな大好き、あの食べ物について実験する！①

◆**激辛カレーを完食する方法**

ある日、なぜかマネージャーが激辛カレーを買ってきた。早速食べてみたが、さすが激辛、辛すぎて食べられなかった。くやしくなった私は、どうしても激辛カレーを食べたくて、学んできた科学の知識を動員して自分の身体で実験してみることにした。

私は、どの方法なら激辛カレーを食べきれるのか3つの仮説を立て実験をしてみた。

① 踊ってドーパミン（神経伝達物質）を出して、辛さを感じないようにする

② 他の調味料を足すなどして、辛さを和らげる

③ ラードなどの油分で辛さを包む

はじめに、①のように「辛さ」は味覚でなく痛みなどと同じような刺激として、痛覚で感じることから、ドーパミンが出ると辛さを感じにくくなるのでは?と考え、踊ってドーパミンを出してすぐに食べてみた、が変わらず辛かった……。むしろ踊ってすぐにカレーを食べるのは、つらすぎた。

次に②のように、甘味を足せば辛さが和らぐのではと考え、チョコレートを混ぜてみた。色もカレーと似ているし、見た目はいい感じだったが、出来上がったのは「チョコレート風味の激辛カレー」。結局、激辛レベルはまったく変わらなかった。

そして、最後に③。ラードと一緒にカレーを食べてみると、油分により激辛成分がコーティングされ、舌に触れないため、まったく辛さを感じなかった! 感動しつつ、なんと完食。

しかしこの実験、油分の摂取量が大変なことになるので、おそらく身体には良くない。

おすすめはしないけれど、いざという時のためのライフハックに。油分ってすごい。

3章

サイエンス
エンターテイナー、
始動する

バターはダンスで作れます
〜「ダンシングバターシェイク」誕生秘話〜

初めて、ショッピングモールで踊りながらバターを作ったのは2017年。以降、数百回は生クリームからバターを作っている。「ダンシングバターシェイクエクスペリメント」と名付けたこの実験は、今も各地のイベントで披露しているが、腕の筋肉がどんどん立派になっていくという嬉しい（？）おまけもついてきた。

ご自身で生クリームをシェイクしてバターを作った経験のある方はご存じかもしれないが、生クリームからバターができるまでには通常10分近くシェイクし続けなければならない。しかし、サイエンスショーではそんなに長い時間お客さんは付き合ってくれないので、私は1分半でバターを作る。いかに効率的に生クリームに衝撃を与えられるかが重要である。しかし、これでも満足しておらず、もっと時間を短縮できるはずと日々研鑽を積んでいる。

また、一口に生クリームと言っても、中に含まれている乳脂肪分の割合が異なるため、実験に最適なものを求めて、片っ端からいろんなメーカーの生クリームを試した。さらに生クリームの温度によって固まらないことがあるので、保冷剤や冷蔵庫を使っての温度管理をするなど、ショーを成功させるために、何度も試行錯誤を重ねた。

そして、案外大切なのは、容器。片手で持ってシェイクしやすく、生クリームの変化の経過を見られるようにするために透明なペットボトルを使っている。バターができたらボトルをハサミで切って開封し、中身を取り出す必要があるため柔らかい素材であることも重要だ。かつ生クリームに効率的に振動を与えやすいよう、容器自体がデコボコしているものが好ましいと考え実践している。そして、どんなダンスなら観ている方にも楽しんでいただけるかを徹底的に研究した。

ただ、そこまで準備をしても、たまに条件が整わずバターができない時もある。それは実験としては「失敗」かもしれないが、考え方を変えれば、「なぜ？」という疑問から、学びのチャンスが生まれたとも言える。

失敗の原因として、温度の調整ができていない、振り方が足りない、など私が理由を挙げるのは簡単だが、ショーに来てくれたこどもたちを巻きこんで「どうして、できなかったんだろう?」と不思議がることにしている。私は科学を「教える」のではなく、実施する目的や立場からしても「一緒に考える」ことを大事にしたいと思っている。

実験中止⁉ 想定外は想定内

どんなに事前に準備をしても、サイエンスショーでは想定外の出来事は起きるもの。そんな時こそ、サイエンスエンターテイナーの真価が問われる。もともと、科学原理の発見には想定外の出来事がつきものであり、そこから新たな発明が生まれたりもする。「多分、こうなるだろうなー」という仮説が、実験で思いっきり覆されることもしばしば起きるので、メンタルが強靭になる。

例えば、屋外でのサイエンスショーでは、自然現象が予想外の展開をもたらすことがある。ある日のサイエンスショーの舞台となった、とある競馬場にはいい風が吹いていた……。そして、ステージに上がった瞬間、用意していた実験道具がすべて風で吹っ飛んでしまった。紙コップが宙を舞う光景に、お客さんも目が点になっただろう。この時は不測の事態に備えて、予備のセットを持って行ったので、今度は飛ばされないように細心の注意を払って、この逆境を参加者と一緒に楽しんだ。想定外に備える、の精神の大切さを痛感した出来事だ。

また、こんなこともあった。ある地方でのショーでは、台風のため、使用する道具が会場に届かなかったのだ。開始時間まであと12時間……、借り物競争のように、近くのホームセンターをめぐって代替品を買い集めることに。空気の流れを見せる実験のために、小物だけでなく、小型プールを買い、プール同士を接着剤でくっつける。乾かすためにホテルの部屋がプールで埋まり、寝返りが打てない……。でもせっかく来てくれるお客さんを失望させたくないし、道具が変われば新たな発見もあるので、参加者とともに、世界を広げるつもりでワクワクしながらやってみた。

他にも、実験をする前から生クリームがすでにバターになっていた、ということもあった。何らかの理由で生クリームの脂肪分が分離してしまったのだろう。これも、話術を駆使して「なんとかする」。例えば、「東京から持ってくるのに時間がかかったから、固まっちゃったのかな?」などと問いかければ、こどもたちに科学の面白さを感じてもらえるきっかけになるかもしれない。身ひとつでもステージに上がり、お客さんに科学の楽しさを伝えることが私の目的だから。

サイエンスショーを作る道具たち

サイエンスショーに来てくれるお客さんが、「私も同じ実験をやってみたい！」と思った時に道具をそろえられるように、サイエンスショーで使う道具は、身近なところで手に入れやすいものを念頭に置いて選んでいる。主に１００円ショップやホームセンターで手に入れたり、通販で取り寄せることも。

１００円ショップは、アイデアの宝庫。どんな実験をするか、どうすれば魅力的に、わかりやすく科学の現象を伝えられるかを考えながら、ショーに使える商品を探す。一日中店内をめぐり、あれこれ商品をカゴに放り込んでいたら、１万円以上の金額になってしまったことも。

でも、本当に大変だったのは、帰り道。大きなビニール袋を数袋、自転車に結びつけたまではよかったが、この状態でバランスを取るのは容易ではない。坂や段差で荷崩れし、ビニール袋が荷台からすべり落ち、購入した商品が道路に散らばり大惨事……。自転車に載りきらないほどの物量に太刀打ちできなかった自分にため息をつきながら、「この状況、いつか報われてほしい」と、商品を拾い集めて再び坂を上った。

このように、サイエンスショーで使用する道具は千差万別である。そして家では、大量の実験道具と共存した暮らしが前提となる。観客も会場で実験を行う場合は、人数分の実験道具を準備しなければならない。ということで500人分のブラックライト、500人分の食紅などが家に届き、足の踏み場もない。

ブラックライトなら「科学実験に使うもの」として認識されるのでまだよいのだが、部屋ははたから見れば何に使うか理解しがたい装置で埋め尽くされている。数万円はする真空状態を作り出す装置、ぐるぐるとしたコイルの大きな電磁石。さらにはぶら下がり健康器が2台……。

サイエンスエンターテイナーは体力勝負だから、「ぶら下がり健康器で筋トレ?」と思われるかもしれないが、これもショーに欠かせない大切な装置。

私はこのぶら下がり健康器を使って、大気圧のすごさを伝えている。

「マグデブルグの半球」という実験をご存じだろうか。

17世紀、ドイツのマグデブルグ市の市長でもあり、科学者であったオットー・フォン・ゲーリケが行った大気圧の実験だ。二つの銅製の半球の間に動物の皮をはさんで合わせ、ポンプで内部の空気を抜き気圧を下げると、外側の力（大気圧）の力が強く働いて、簡単には離れなくなる。その力は、球体を左右各8頭、計16頭の馬に引っ張らせて、やっと引き離せたそうだ。

ショーを観ている人たちに大気圧の力を実感してもらうため、ぶら下がり健康器に引っかけた、中を真空にしたステンレスボウルに私がぶら下がっている。踊りながらぶら下がると、客席はかなり盛り上がる。地方に送ることも多いため、予備で2台確保しているのだ。

……このように実験道具は、とにかくかさばる。ショーを始めた当初は「この段ボール、何に使うの⁉」と次々と届く段ボールの山に、あきらめ気味の母。だが、家族も慣れたもので、段ボールや道具をうまくよけながら生活動線を確保してくれていた。

はじめてサイエンスショーを観に来て、場所を取る大量の道具たちの活躍の場をようやく目にした母からの言葉は「面白いショーだったよ！」などといった、ショーの内容についてのコメントではなく、「足、開きすぎ。足を閉じなさい！」という私の所作に関する注意だったが、娘を思う、複雑な親心を知る機会となった。家族の理解や支えがあってショーができるので感謝しかない。

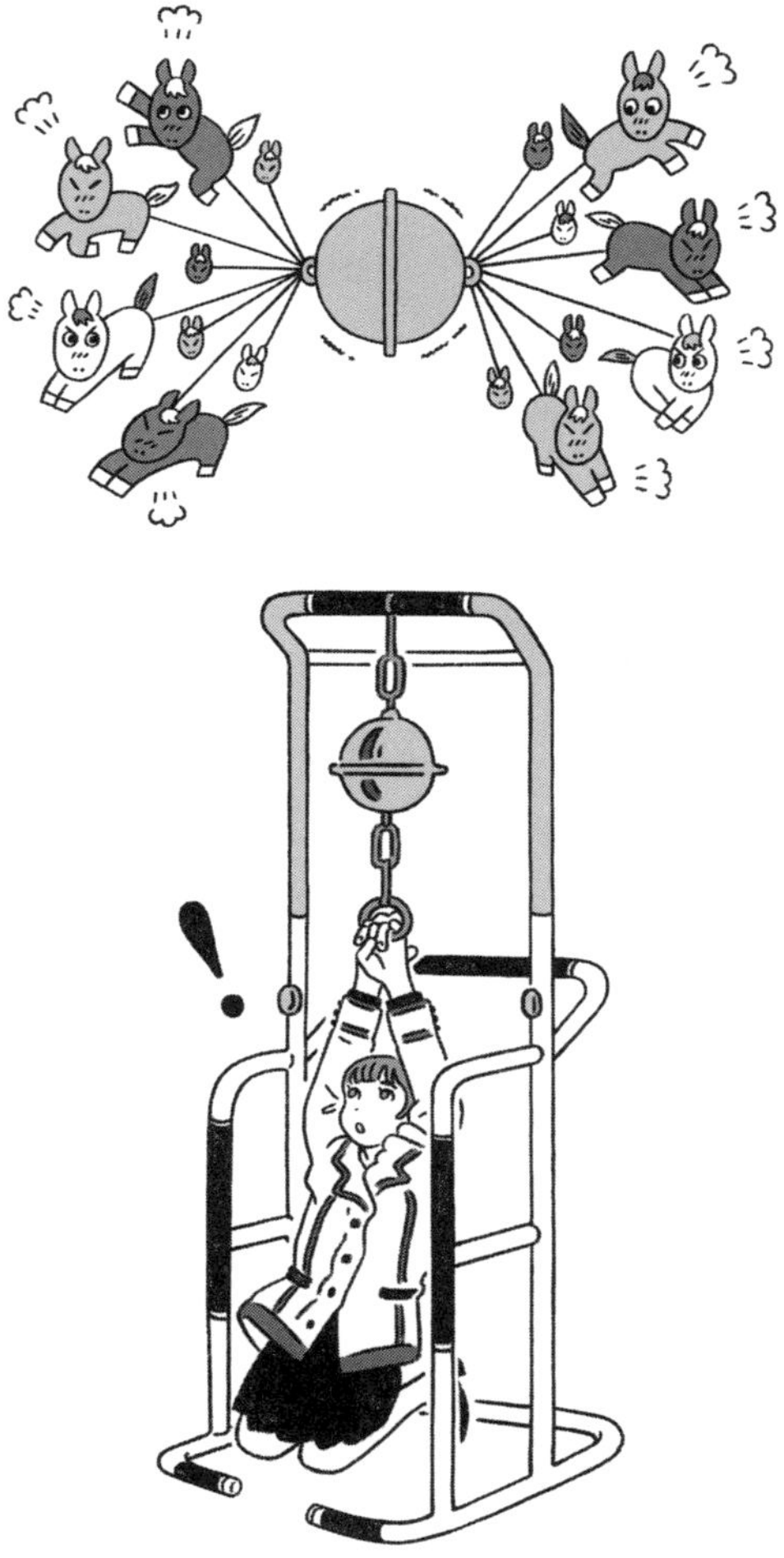

サイエンスエンターテイナーの一日

サイエンスエンターテイナーの一日は忙しい。平日は大学での講義があるため、主に週末にサイエンスショーを行うのだが、全国、特に地方で開催することも多い。せっかくショーを観に来てくれたこどもたちに楽しんでもらうため、朝から準備に大忙しだ。

・5～6時起床
実験の準備を行う。

・6時半～7時
ヘアセットのため美容室へ。
ショーの最中、道具に髪の毛が入ったりすると、実験に影響が出てしまうこともあるので、一本たりとも落とさないように、しっかりアップし、がっつり固める。激しいダンスに耐えうる、かつ華のある髪形はプロの手を借りなければ不可能。地方での仕事の際も、まずやることは早朝の美容室予約。ショーは週末が多いので、美容室ではよく結婚式参列者と一緒になる。華やかなワンピース姿の皆さんの横で、美容師さんに「これから科学のショーをやるんです」と言うと、びっくりされる（笑）。

・その後、メイクや移動。

・現場入りし、ショーの準備。

ダンスのための準備運動や実験のリハーサルを行う。この時、気持ちを盛り上げるために、好きなアーティストのライブ音源を聴くことにしている。

・午前中のショー。

・ショーの合間に、参加者と写真撮影や交流。

午後のショーでも激しく踊るため、昼食はほとんど取らず、取るとしてもエネルギー飲料程度（同じ理由により、朝食も食べないことが多い。開始時間による）。

・午後のショー。

・急いで会場を片付けて、空港へ（地方の場合）。もしくは翌日の現場に移動。週末は、ショーの予定が目白押し。

・帰宅後、バリバリに固めた髪を、3回くらいシャンプーする。ようやく、ささっと食事。でも、食べなくてもまったくフラフラせず、支障をきたさないという、エンターテイナー向けの体質らしい（?）。

・21時　論文の執筆や、翌日の大学講義の準備。

・24時ごろ　就寝。

以前はもっと睡眠時間が少なく、メールの送信時間を見たマネージャーや周囲から「早く寝なさい！」と言われたこともあったが、努力して、5〜6時間は睡眠時間を取るようにしている。とはいえ、科学の沼から沼へと移動するような毎日である。

頼れる実験パートナー

好きすぎて、浴びたいくらい!? ショーでも活躍「リモネン」

大きなゴム風船に、ある物質を塗ると……、風船が破裂し、こどもたちは大騒ぎ。サイエンスショーで、最も盛り上がる瞬間だ。

ある物質とは、リモネン。リモネンは、油を溶かす性質を持ち、ゴムや発泡スチロールを溶かす。柑橘類の皮に多く含まれる香りの成分で、香料や天然物由来の溶剤として広く利用されている。

リモネンは、ショー以外にも日常生活のあちこちで働いてくれる。油を溶かすので、油性ペン汚れをさっと取るのに大活躍。シールはがしにも使える。

だが、私が最も好きなポイントは、レモンのような柑橘系の香り。あまりにも好きすぎて、洋服に振りかけたこともある。ただし、毒性は低いが刺激性などがあるので、直接肌に塗るのはおすすめしない。

けなげで、かわいさあふれる「ＢＴＢ溶液」

〝あの子〟は、とても素直でかわいい子。〝あの子〟ことＢＴＢ溶液は私にとって、かけがえのない存在だ。ＢＴＢ溶液は、小学校の理科の実験でもおなじみの、水溶液の性質を調べるのに用いられる指示薬である。

ＢＴＢ溶液は水溶液が中性の時は緑色、酸性で黄色、アルカリ性で青色に変化することで知られている、サイエンスショーでもおなじみのパートナーだ。実験前は、中性でいてほしいのだが、水道水の性質によっては、若干酸性やアルカリ性に傾き、変化してしまうこともある。ほんのささいな性質の違いにも敏感に反応するなんて、本当に素直すぎるよ、ＢＴＢ溶液！

思いあまって「ＢＴＢ溶液のお風呂に入っている自分」を想像して、緑色（中性）の入浴剤を作ろうと真剣に考えたことがある。それなら市販の緑色の入浴剤でいいじゃん、という声もあるが、いつかＢＴＢ溶液独特の「緑色」を再現した入浴剤を自分で作り、肩までゆっくりお風呂につかる、と心に決めている。

なお、ＢＴＢ溶液はホームセンターの理化学用品の場所に売っていることもあるが、代用品として紫キャベツの煮汁を使用することもある。紫キャベツの煮汁でも酸性・中性・アルカリ性の色の変化を調べることができるので、実験に使用することもある。「家に帰ってから実験してみました！」というコメントもよく頂くプログラムである。

私の推し元素・安定感抜群の「アルゴン」

「好きな元素は？」

普通、会ってすぐそんな質問する？と思うかもしれないが、科学に魅了されている人とはこの質問で仲良くなれたりもする。今のところ個人的に聞いてきた中で一番人気の元素は、水素。無色・無臭・無毒の気体のため、用途が広いのが理由らしい。

そんな私の推し元素は、アルゴン（元素記号：Ar）！

アルゴンは、語源のギリシャ語では「怠惰な」「なまけもの」という意味があり、いかなる条件下でも他の物質と反応しない不活性な物性が特徴で、それゆえに安定感がある。身近なところでは、熱伝導性の低さを買われ、白熱電球の中を満たす気体として使われたりしている。

アルゴンの抜群の安定感に、ほっとする私である。

このようにたくさんの愛する物質に囲まれ、化学のさまざまなネタに心身を支えられ、寸暇を惜しんで週末のショーの構成を考える日々である。

column

3

みんな大好き、あの食べ物について実験する！②

◆600倍甘いチョコ!?

あるYouTube企画で、砂糖の600倍甘いとされる物質「プレジロンSU-600」（原料名：スクラロース）でチョコレートを作った。「プレジロン」は、低カロリー型の飲食料品などに使われる合成甘味料。袋を開けた瞬間、もう、空気が甘かった……。

この物質を使って作ったチョコレート、使用量を600分の1にしても砂糖を使った時と同じ甘さになるはずだが、私たちは「600倍甘いチョコ」を作ってみたかったので、通常、チョコレートを作る際に使用する砂糖と同じ分量のプレジロンを使用してみた。出来上がりの見た目は一般的な砂糖を使ったチョコレートと変わらないのだが、食べてみると甘さのメーターがぶっとんでわからなくなるくらい甘かった！

もはや、甘いのかどうかも怪しいくらいの味で、美味しいかは疑問（笑）。本来は砂糖の置き換え用に、カロリーオフ目的で使われる合成甘味料なので、個人で使用する際にはもちろん適量をおすすめする。

「美味しいチョコレートとは何か」を科学的に探究したこともある。チョコレートを作る上で大切なのは、「テンパリング」という工程で、温度を調節して、カカオバターを結晶化させることが重要なようだ。

カカオバターの結晶構造にはⅠ～Ⅵ型の6種類があり、中でも、Ⅴ型の結晶構造が美味しいとされている。

美味しいチョコレートは、このⅤ型の結晶構造を作れるかが勝負。温度計を使っての、細かな温度調節・管理が必須だ。たまにチョコレートが白くなったり（ブルームと呼ばれる現象）、ひび割れることがあるが、あれはⅤ型化に失敗した例。だが、もう一度チョコレートを溶かしテンパリングをすると、元通りにすることができる。

以前、私は真夏に生チョコレートを作り、大学に持って行ったことがある。「みんな、チョコ作ったよー」と容器を開けたら、チョコが溶けて沼化していて、作る前のどろどろの姿に戻っていた。

このように、カカオバターのV型結晶構造を作るには、温度を○度にして……と作り方を知っていても、実際に美味しいチョコレートを作ることができるかというと別問題。チョコレートを科学することはできても、私は繊細なお菓子作りは向いていないらしい。

4章

サイエンス
エンターテイナー、
仕事を開拓する

サイエンスエンターテイナーを支える8つの道具

サイエンスエンターテイナーとしてショーで化学反応を起こすさまざまな物質を必要とするのはもちろんのことだが、化学物質以外にも数々の道具に支えられている。私が、さまざまなショーにおもむく際、常備しているものを紹介したい。

・手をマッサージする道具

実験などで手を使う場面が多いので、緊張して震えたり、疲れが溜まったりしないようしっかりほぐす。

・引田天功さんの本

イリュージョニストとして著名な敬愛する天功さ

んの著作。お守り代わりに、孤独や疲れを感じた時にも開く。自分メンテナンスから、ショーの考え方まで影響を受けている。

・のどスプレー

1時間以上、ひとりでしゃべり続けるので、のどのケアは欠かせない。

・透明のチューブ

缶入りの化学物質や気体を他の容器に移し替える時などに便利。ホームセンターなどで購入。

・ビニールテープ

実験セットや設備・備品の補修はもとより、飾りつけ、風船をしばるなど、多彩な用途。

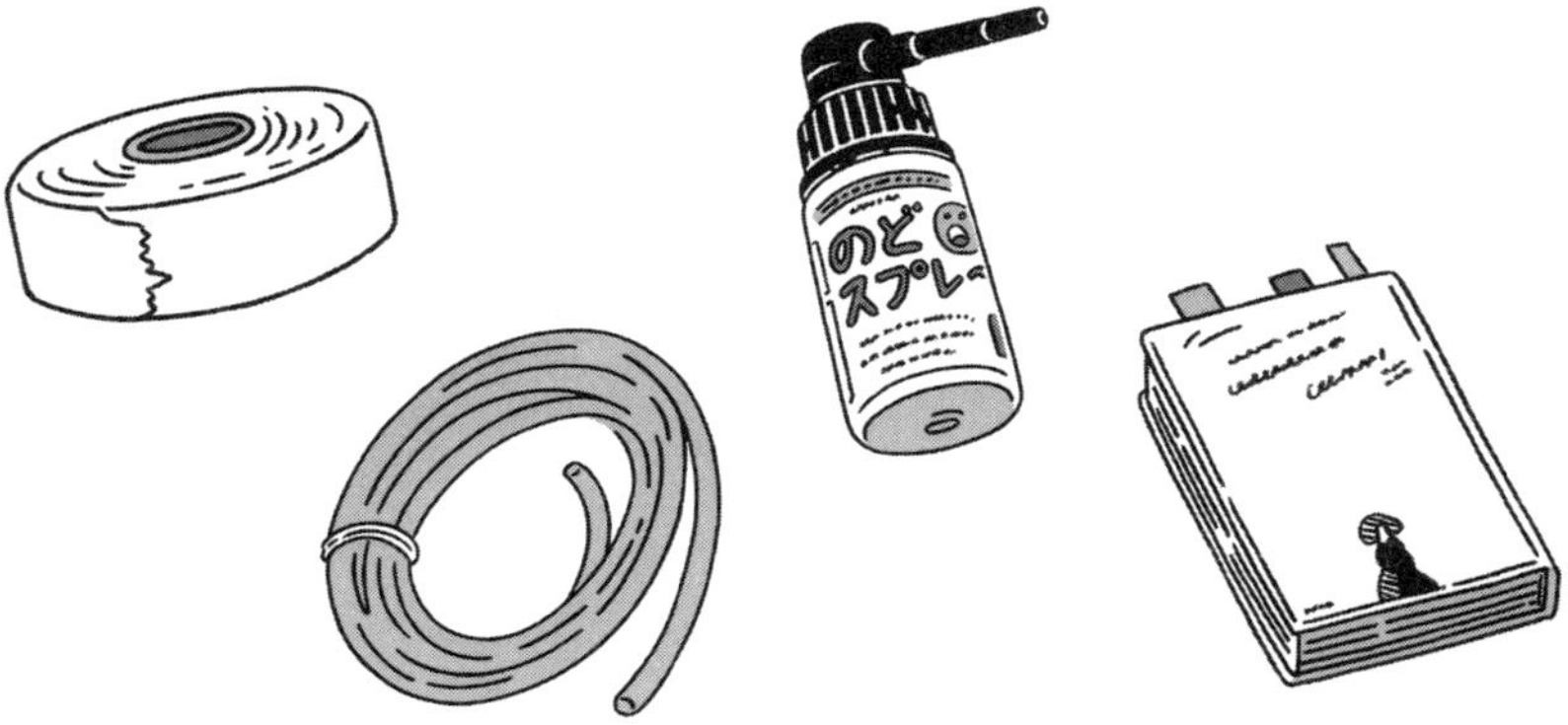

・ブラックライト

暗くなる会場なら、ブラックライトでいろいろなものを照らして、即興で実験ができる。他の実験ができない時など、万一のために常備。

・やすり

電気を通す実験で使う銅線は、必要な時に限ってさびていて、通電しづらいことがある。やすりは主に銅線のさびをこすって取るために使っている。

やすりがない時にどう対処するべきかを考え、何でこすったらさびが取れるか「やすりになるもの選手権」を自主開催したこともある。ざらざらのコートの裏地、金属のボタン、ペンチなどを試したが、一番こすることができたのは石！　その場にあるも

のを、機転をきかせて代用することもあるが、常にやすりを持ち歩くに越したことはない。

・実験に使える飲料

例えば、栄養ドリンク。ブラックライトをあてると発光するビタミンB_2を含んでいるため、実験で使える。苦味成分のキニーネと似た物質が含まれたトニックウォーターも同様。

味や飲みたいものよりも、「何が光りそうか？」の視点で飲みものを選ぶ。実験で使用しなかったら、自分で飲めばいい。

飲料水も、ショーで使うかもしれない、という視点で選んでいる。ｐＨ値（酸性か、アルカリ性かを示す値）などの表示をチェック。天然水も採水地によってｐＨの値が異なるが、実は、水道水のｐＨ値も地域により微妙に

差がある。
例えば、水溶液の性質を調べるＢＴＢ溶液を使った実験を行う際は、最初は中性から始めたい。しかし、水道水によってはややアルカリ性に寄っていて、うっすら色が変わることがあるのだ。こんな時のために、中性の飲料水が欠かせない。

これらは、あくまで本来の実験セットの予備を用意したうえで、「予備の予備」として用意するものである。しかし、サイエンスショーは「想定外」を想定しなくてはならない。実験道具が届かなかったり、途中で道具が壊れてしまうこともあるので、助けられている。

この「予備の予備」を準備する、というのは意外に重要だ。
ショーで使う風船なども、事前に一度ふくらませて、穴の有無を確認する。この縄が切れたら死ぬ……、くらいの気持ちで、道具のチェックをおろそかにせず、何重にも予防線を張って、万全の態勢でのぞむ。

科学実験を見せるとなると、基本的にはもともと先人が行っていて、すでに結果がわかっていることを取り扱うわけだが、サイエンスショーはそれをオムニバス的にやって見せるというだけではない。

実験を広く見ていただくためにオープニングからエンディングまでの流れ、照明、音楽、ひとつひとつの実験についての自分なりの表現方法や解説を考えて（私の場合はダンスも取り入れて）、舞台から観客の方々の心が離れないように工夫を凝らし、ショーを作る。

観客の方々に楽しんでいただく企画を関係者の皆さんと創るということからすでにショーは始まっていて、そういった場をひとつひとつ創っていくことがサイエンスエンターテイナーの仕事なのだ。

心も反応する実験ショーに

科学の実験は、その多くはじっくりと観察して、やっと変化が読み取れるようなものが多く、実験自体は地味なものが多い。

サイエンスショーの活動開始時は、まずは「科学を楽しんでもらいたい」という気持ちが強かったため、数ある科学実験の中でもBEFORE/AFTERの違いが目に見えてはっきりわかるもの、例えば色が変わる、物が倒れる、など変化が大きい実験を選ぶようにしていた。最近は変化や反応が少ない実験でも「見せ方」や「演出」を工夫し、自分なりの科学実験ショーを作りあげたいと思っている。

吸水ポリマーを使った実験もそのひとつだ。おむつや消臭剤などに使われる、吸水性の高い粉、もしくはつぶつぶのビーズ状の素材である。

ショーでは、乾燥した吸水ポリマーが入ったボウルに水を注ぎ、そのボウルを逆さまにして自分の頭の上に載せる……という実験をしている。もし、吸水ポリマーが水を含んで固まらなければ、私は頭から水をかぶることになる。どうなる?大丈夫?成功する?と、見ている人たちがひやひやする場面だ。観客の感情を揺り動かし、ワクワクやドキドキを呼び起こす。

実験自体は条件がそろえば、誰でもできるものであっても、私の思い出や小ネタをはさみ、踊り、私にしかできないオリジナルなショーを作り上げる。「元カレからもらった銀の指輪を溶かしてみた!」の小話などはけっこう好評だ。

ショーは1~2時間続く時もある。この間、基本的にはひとりでしゃべり続けなければならない。きちんと伝えるためには、話し方や声も重要なので、東芝の科学教室でボランティアを始めた時から、ボイストレーニングも行っている。長時間聞く声なので、観客が不快になるような声ではいけない。効果てきめんで、しゃべり続けても声がかれなくなった。

こうして、ダンス、実験の見せ方、声、表情、音楽、衣装、さまざまな工夫を組み合わせて、私が感じた科学の面白さを表現するのがサイエンスショーなのだ。

育つ環境に関わらず、科学に触れるきっかけを提供したい

サイエンスショーでは、未就学児〜小学校低学年のこどもたちにも楽しんでもらえるプログラムを心がけている。というのも、学校の勉強としての「理科」と出会う前に、直感で科学の面白さを感じてほしいと考えているからだ。

こどもたちは正直なので、すでに、動画などで見たことのある実験については容赦なく「それ知ってる〜」という言葉を投げかけてくる。

知っている、けれど面白い。そう感じてもらうために、知恵を絞ってショーを行う。

私が科学の面白さに気づいたのは中学二年生の時だったが、幼少期に科学実験を見て、面白さを体感したかった、という思いもある。でも当時の私は、ダンスのことしか考えられなかったし、何かを好きになるタイミングを予測することなんてできない。

関心を持って自分から出向かなければ、科学に触れられないという環境を少しでも変えていきたいという思いから、誰もが気軽に行ける場所で積極的にサイエンスショーを開催している。ショッピングモールで偶然に見た実験で、科学に目覚めるなんて素敵なことだと思う。私自身は、小学生時代に科学と出会う場所に行く機会がなかったのだが、当時もしショッピングモールで踊るサイエンスショーを観たら、足をとめていたかもしれない。

競馬場、お祭りの屋台横のストリート、ショッピングモールなどいろんな場所でサイエンスショーを開催してきたが、ある日、お寺の住職さんから連絡を頂き、地域のこどもたちに向けてお寺の開放スペースでサイエンスショーをやることになった。住職ご自身が私の思いに共感してくださったそうで、とても嬉しかった。

科学に特別な関心を持っていない子でも、サイエンスショーを観ることで気持ちに変化が訪れるとしたら……と、考えるだけでワクワクする！

「反省→改善」の無限ループを越えて

とはいえ、順調にはいかないことも多かった。テレビの仕事では、ライブ感のあるショーとは違い、不特定多数の視聴者に届ける放送ならではの壁にぶち当たった。科学の原理や実験を入れた企画を提案したが、ディレクターから「科学の原理はわかったけど、あなたのオリジナリティがないからつまらない」と言われてしまったのだ。

確かに、科学の原理は万人のもの。オリジナルなネタや芸で戦っている人たちと同じ土俵に立つには、心もとない。何度も企画を練り直したが、10連敗したこともある。

「10連敗してもあきらめないなんて、すごい」と言われたこともあるが、私だって落ち込む。でも、そのままで終わらせないためには、客観的に見て面白いもの、日常にあり身近だけど面白いもの、意外なもの、などいろんな方向から考え直す。

実は、笑顔で踊るサイエンスショーの後も、毎回へこんでいる。私が作ったプログラムの意図がうまく伝わらない時もある。たとえお客さんから拍手が湧き、皆が満足してくれたように思えても、反省は尽きない。こどもたちとのやりとりを振り返って、もっとうまく返せたのにとため息をつく。「わーい、最高のショーだった！」と満足したことは一度もない。

科学で何かを証明するためのプロセスは「仮説、実験、検証」の繰り返し。失敗も前提に何度でも実験、検証を行う。その思考プロセスに慣れているためか、何かにチャレンジする際には失敗から改善点を見つけ、それを乗り越えて良くしようという「実験精神」が自然に身についたのかもしれない。この姿勢は、科学で培った産物だ。

小一から続けているヒップホップダンスは、私の人格形成に大きな影響を及ぼしている。自分の〝好き〟を追求し、ダンスと科学をあきらめずに職業を模索してきたのは、その根底に〝ヒップホップ・マインド〟があるからだ。互いに殴り合い、傷つけ合うのではなく、武器を置いて表現で戦うことがヒップホップのスタイルだと思っている。端的に言うと、現状を打破する、世の中に抗って変えていく、不条理に負けない、という姿勢だ。

自分にしかできないことは？
オリジナリティとは何か？

困難に直面した時にはいつもダンスが私を支えてくれる。
日本は理系に進む女性が少ないという現実を、そのままにしたくない……とメッセージを発信するのもこのヒップホップ・マインドに支えられている。

今でも私に強い気持ちをくれるのはダンスだ。小学生の時、弟に母を取られた気持ちになり、「母に見てほしい」との一心で、パッションを前面に出して踊っていた。熱い思いや情熱を持ち続ける力は、ダンスからもらったのだ。

自分の名前で食べていく

ここで、サイエンスエンターテイナー五十嵐美樹と、普段の私の関係について考えてみたい。基本的には、普段の私が、サイエンスエンターテイナーである自分を客観的に分析し、励ましている感覚だ。一貫しているのは「育つ環境に関わらず、科学に触れ、科学を楽しむ」こどもたちを増やすこと。そうすると、サイエンスエンターテイナーとしての発言やふるまいはおのずから決まる。また、見ている人を混乱させないよう、自分がぶれないように気をつけることもできる。そもそも、ステージ中や発信している時は、落ち込んだり、しゅんとしている暇はない。

でも、こればかりだと息がつまるので、最近はラジオなどでは素の自分を出すようにしている。これからも、ＴＰＯに応じて求められる自分でいたい。

面白いもので、科学館や学校などで、科学に興味のある人たちを対象に活動していたら、現在の「サイエンスエンターテイナー五十嵐美樹」は存在しなかっただろう。お祭りやショッピングモール、競馬場というアウェイな場所で、科学に興味がなさそうな親子を引きつける必要が生じ、追い詰められてようやくダンスと科学が融合し、結びついたのだ。

自分が想定していた場所にはニーズがなく、想定外の場所や人たちから求められるということがこれ以外に何度もあった。

サイエンスエンターテイナーとして活動していくなら芸能事務所に所属した方がよいと考え、多数応募したが反応はゼロ。今思い返すと負ける確率の高い分野を狙っており、先方の求めるものからずれていたからダメだったのだ。最終的に声をかけてくれたのは、学習塾経営グループに所属する事務所だった。

こんな展開、私にはとうてい思いつきもしなかった。考えが及ばないところから求められるものだ……。心折れそうになりながらも、地道にホームページを更新し、SNSやYouTubeなどで発信を続けてみてよかった。

前例のない道だからこそ。心の支えは、あの人

踊るサイエンスエンターテイナーという新しい職業を開拓することにワクワクする半面、同じ悩みを共有できる人がおらず、孤独を感じる時もある。そんな時、心の支えになる人物がいる。その方は、引田天功さん、プリンセス・テンコーである。

彼女は、日本初の女性のイリュージョニストとして、大掛かりな道具を使ってさまざまな演出をしながらマジックを披露し、独自の世界観を作り上げた。イリュージョンの舞台も素晴らしく、日々、表現の範囲を広げている。もう、憧れるしかない。

彼女が登場したころは、イリュージョンの世界には女性がほとんどいなかった。科学の世界も、日本はまだまだ女性は少数派。さらには、サイエンスエンターテイナー自体が新しい職業なので、ロールモデルも見当たらず、気軽に相談できる環境ではない。

私は幼少期にテレビで天功さんを観て、その姿にとても感動した。サイエンスショーを始めてからは、キャリアを積む女性としても、表現者としてもその存在に大いに励まされた。カバンには常に彼女の著書を入れ、お守り代わりにしている。

私はショーで地方に行くことも多く、結構ハードな移動生活を送っており、時に「こんな生活をしているのは、自分だけなのではないか……」と感じることも。はじめての場所でショーを行う時の、体調管理や心の整え方。観ている人をハッピーにするために自分のテンションをどうやって上げるか……。誰にも相談できない悩み、気の持ちようなど、著書を通して励ましていただいたことは山ほどある。

身近な例を挙げると、天功さんが、バラの香りでリラックスしていると聞き、私も外出前にバラの香りに包まれて、気持ちを高めることにしている。お客さんに良いパフォーマンスをお見せするためには、自分に手をかけ労わることも大切だと学んだ。

今でもショーの前はものすごく緊張するが、天功さんがそばにいて励ましてくださるように感じる。彼女からは、ショーへの姿勢もさることながら、生き方や心得に刺激を受けている。

なんと……そんな憧れの存在に会える機会が！

しかも、私のインターネットラジオ番組のゲストとして。会いたいと言い続けてよかった……。

いろんなお話をしたが、この時32歳、「友達は結婚したり、キャリアチェンジする人もいるなか、私も人生の岐路に立たされている、どうしようか悩んでいる」と相談したら、「Let's continue!」という言葉を頂いた。考え込まず、続けたらいいのよ、という意味だ。以前は、やりたいこととプライベートの犠牲のバランスや、年齢を重ねてステージに立ち続けていいのかと迷うこともあったが、この言葉でふっきれた。

最後に、思いきって「私、半分天功さんなんです（天功さんでできている）」と言うと、冗談だとは思うけれど「似てるわね」と天功さん。感激のあまり、思わず泣きそうになった。

好きを追求して、発信を続けたら、憧れの人に会えた。人生、何が起きてもおかしくない。これからもいろんな出会いに助けられ、想像できないようなことが起きるのだろう。

column

4

物理を駆使して、あの大技を再現!?
十元素記号体操

◆アニメのあの技を再現したい!

皆さんは、こんなことを夢見たことはないだろうか?

私の場合は幼いころから、アニメ『美少女戦士セーラームーン』の主人公、月野うさぎが繰り出す「ムーン・スパイラル・ハート・アタック」という超高速回転技を再現したい、と考えていた。自宅にある円盤形のツイストボードに乗って、高速回転できるかを試したこともある。でも、どうすれば成功するのかわからなかった。

成長し、科学を学んでから、あの技はもしかして「角運動量保存の法則(三角形の角回転の勢いを表す運動量)」だったのでは、とひらめいた。

フィギュアスケートの選手が氷上を回転する際、腕をギュッと身体の前に縮めながら、回転速度を上げていくのを見たことはないだろうか? 要は、回転半径を小さくしていくと回転速度が大きくなるのだ。

そこで、大学生になった私は時を経て、再度ツイストボードに乗り、回転してみた。だんだん腕を縮めて半径を小さくしていくと、最後に少し回転が速くなった！

実験の条件により回転速度に変化は出るものの、幼いころの夢がかない〝科学戦士セーラームーン（？）が誕生した、ような気になった。

◆元素記号を楽しく覚えよう

コロナ禍の2020年、サイエンスショーができなかった期間、サイエンスエンターテイナーとしてできることはないか、と模索していた。そこで、生のイベントはできないけれど科学の楽しさを伝えるために、「お家で元素記号体操」を開発した。

1日1元素記号を身体で表現し、Xに投稿する日々。例えば、1日目はイットリウム、元素記号はY。「単体で柔らかいイットリウムのように、足腰も柔らかく〜」と言いながらY字バランスを披露。

2日目は、炭素のC。「ダイヤモンドみたいに硬くなりすぎず、力を抜いて〜」と言ってイナバウアーのようなポーズで。

撮影は、実験道具が入った大量の段ボール箱を前に途方にくれていた母。この時も、ため息をつきながら（？）娘の奇妙なポージングを一週間撮り続けてくれた。

だいたいが、手を上げたり、両手を重ねたり、起立するポーズが多いのだが、練習を重ねて逆立ちポーズも投稿し、これにはかなりのコメントを頂いた。「逆立ちとは、逆転の発想ですね、素晴らしいチャレンジです」と言ってもらえて嬉しかった。でも、「逆立ちをする必要性はあるのでしょうか？」という冷静なコメントもちょっと混ざっていて……。自分で言うのもなんだが、逆転の発想でピンチをチャンスに変える良い試みだったと思う。

5章

科学を伝える
舞台を作っていく

学問としての「科学の伝え方」

「どうすれば、皆に科学の楽しさを伝えられるのだろう？」

サイエンスエンターテイナーになってから、常に考えている。「私の伝えたかったことは、こどもたちに伝わっているのか？　もっと良いやり方があるのでは？」と、自分に問う日々が続いている。

そんなある日、ひょんなことから「科学を伝える」学問分野にたどりついた。東京大学発のベンチャーに勤務していたころ、「五十嵐さんのやりたいことは、『科学コミュニケーション』という分野では？　今あなたがいる東大でも学べますよ」と教えてもらったのだ。

それは２０００年、東京大学に創設された、「文系」「理系」の枠にとらわれず、学際的に研究を行い、先進的な研究教育活動を展開する大学院だった。
すぐさま科学コミュニケーションに関する研究を専門としている教授に連絡を取り、まずは一年間の研究の構想について相談した。その間、受験勉強をし、研究したいことをプレゼンにまとめ、２０１８年、修士課程に入学した。

大学院に入学してからのゼミでは、こどもたちへの科学の伝え方を学ぶために、ＳＴＥＡＭ教育を研究した。ＳＴＥＡＭとは、科学（Science）、技術（Technology）、工学（Engineering）、芸術・リベラルアーツ（Arts）、数学（Mathematics）の頭文字で、５つの領域を対象とした、理数教育に創造性教育を加えた教育理念だ。自分で課題を見つけ、解決していくための力を育む分野横断的な学びとして、近年注目されている。

こどもたちからもらう「楽しかった！」という言葉が励みになっているものの、ずっと、サイエンスショーが終わった後に、「観に来てくれたこどもたちは、実験の原理を理解してくれたかな？」「この実験はあの表現でよかったのだろうか？」とひとり反省会を行っていた。

ＳＴＥＡＭ教育で学んだことを、サイエンスショーのプログラムづくりにも活かせるようになった。もっとサイエンスショーを良いものにしていきたい、と考え続けていたので、指導教官や他の研究員からの客観的な意見をもらえるようになったことで、科学の伝え方だけではなく、伝えた後の効果をどのように分析したらよいかを学ぶこともできた。

こうして自分ひとりで手探りでやってきたことを客観的に振り返る機会を得て、サイエンスエンターテイナーとしても、科学教育を研究する者としても目の前が開けた気がした。さらに、副専攻として一般社会と科学技術の間をつなぐ人材を育成する「科学技術インタープリター養成プログラム」を受講した。インタープリターとは、直訳すれば「通訳者」という意味で、まさに科学と社会の架け橋となるような人たちを育てるプログラムのことだ。

ここでは、理系・文系を問わず、さまざまな専門分野の学生たちと科学技術と社会についての議論を重ね、自分がやっていることの社会的意義や科学を伝える責任をかみしめた。どのような原理を、どういう方法で社会に伝えるべきか、皆知恵を絞った。

サイエンスエンターテイナーという職業はここでも異質な存在だったが、私の活動への感想をくれたり、ショーの機会を設けてくれる人もいて、励みになっている。日本科学未来館で職員向けに講演した時、かつての仲間がコミュニケーターとして聴講していて嬉しい再会を果たした。


さらに、研究においては、自分の経験もふまえ、「日本は、なぜ理系に進む女性が少ないのか」という長年疑問に感じていたテーマに取り組んだ。

そして、修士論文のフィールドワークでアメリカのカリフォルニア大学に滞在した時、知人の紹介を受け、現地の大学生と一緒に、女子中高生を対象にした実験やメンタリング*を行う活動に参加した。

理系に進む女性を増やそう、という動きはアメリカでも見られるが、この時滞在した大学では、「マイノリティー(少数派)支援のために、科学実験や相談の場を設けよう」という目的が掲げられていた。

理系に進む女性を支援する取り組みひとつをとっても、いろいろなアプローチやメッセージの発信方法があると気づき、自分は科学をどう伝えるべきかを考える機会となった。

*企業や大学などで行われる、人材育成手法のひとつで、メンターと呼ばれる先輩とメンティという後輩が一対一で対話を行い、メンティのキャリアに関する課題や悩みを解決しながら成長を支援すること。

授業や受験勉強も科学との大切な出会いの場

2021年より、オンライン学習サービス「スタディサプリ」で中学理科を担当している。スタディサプリでは、小学生から高校生まで定期テストや受験など、それぞれの目的に合わせて授業の単元や講義動画を見ることができる。

画面越しの単方向の授業のため、生徒の反応を見ながら授業をするライブ形式とは異なるので、ここでは、私自身が学んで感動したことを、熱意を持って伝えるよう心がけている。教材をそのまま暗記するだけでは生徒も面白くない。だから、実験が設定されていない場面でも、自ら実験道具を持ち込んで、説明する。例えば教科書によく出てくる、「電磁石」や「コイル」。実際にどれくらいのコイルの巻き数で、どれくらいクリップをくっつけることができるのか体感したことがある人は少ないだろう。

対象は、理科好きのこどもたちというより、次のテストのためになんとかしたい、と授業の理解を深めることを目的に来るこどもたちが多い。もちろん学習の手助けをすることが大事な目的であるのだが、少しでも理科の楽しさを伝えられればと、私自身が楽しんで授業を行うようにしている。

昔、試験勉強が苦手だったという経験を活かし、学校の外からではあるが、少しでもサポートできるよう、記憶に残るような授業を心がけている。

また、ＮＨＫＥテレ高校講座「化学基礎」も担当しているが、高校講座の視聴者は高校生だけではなく、学び直し目的の方などを含め、多岐にわたる。60代の方から「楽しんで化学を学んでいます」「はじめて、化学を面白いと思いました」と手紙をもらった時は、講師冥利に尽きて本当に嬉しかった。

オリンピックはスポーツのみにあらず
～国際科学オリンピック～

皆さんは、「国際科学オリンピック」という大会をご存じだろうか？　高校生以下が参加資格を持つ、生物学、物理、数学、化学、情報、地学、地理などの分野に分かれてその知識を競う大会だ。

２０２０年、私はその応援団を拝命し、オリンピアンにインタビューをしたり、活動を応援する機会があった。オリンピアンというと国を背負ってさまざまなスポーツの頂点を目指すスポーツマンをイメージするかもしれないが、国際科学オリンピックにおいてのオリンピアンの実像は「科学に情熱を注ぐ中高生」。門戸はすべての高校生以下に開かれており、ウェブからも応募できる。

一次・二次選考を勝ち抜いた各国の高校生たちが合宿を経て、国際大会に集結。それぞれの分野に分かれて、頭脳を競い合う。選考過程や合宿では、大学の先生が講師となり、施設見学や仲間との交流などができるため、参加するだけでも収穫は大きいはず。各分野は分かれているが、高校生以下ではまだ自分の専門分野が決まっていない子も多いため、複数の分野にエントリーする人たちもいる。

残念ながらコロナ禍のため、しばらく対面での活動ができなかったが、参加したオリンピアンたちはオンラインでそれぞれのアバターに扮して共同作業をしたりしながら、交流を深めた。

私は応援団としての活動の他に、国際物理オリンピックに審査員として第二次選考で、応募者の解答を添削したり、合宿のバスの引率中にも、皆で物理の話をし続けたりして盛り上がった（笑）。

大会に参加しているのは、とにかく物理が大好きな高校生たちで、すでに大学の勉強を先取りしている子もいた。でも根底にあるのは、物理を愛し、物理を楽しんでいること。

オリンピアンたちにインタビューする際に、彼らの科学愛を目にする機会があった。変わった柄だな、と思ってみていると、実は科学モチーフのＴシャツ、元素記号の柄の傘などを愛用していた。

かくいう私も、カフェイン（$C_8H_{10}N_4O_2$）の元素記号のイヤリングを愛用している。このカフェイン構造式はとてもかわいくて、科学界隈でも身につけている人をたまに見かける。

高校生たちは大会では、それぞれの知識を競い合っているが、それぞれが、大好きな科学の分野を思う存分語り合える仲間に出会えた喜びに満ちていた。しかも、相手は世界中の学生たち。今回出会った仲間と、大人になってから再会し、一緒に研究する可能性だって大いにある。

でも、私が高校生のころは、国際科学オリンピックの存在すら知らなかった。こんなに面白い場所があるなら、より多くの科学好きに知ってほしい、裾野を広げたい、と応援を続けている。

愛用しているカフェインの
元素記号のイヤリング

こどもと科学をつなぐ科学教育

サイエンスショーでこどもに科学の楽しさを伝えるのと並行して、2022年からは、東京都市大学の特任准教授（現在は准教授）として、保育を学ぶ学生向けに科学教育を教えてきた。

小学校ではSTEAM教育の役割が期待されていて、遊びを通して小さな子が科学への興味を持つきっかけや、幼保小連携の試みとして保育現場でもSTEAM教育を取り入れる動きがある。

保育士として、小さなこどもを対象にどのような科学実験をすればよいのか、身近なもので楽しく遊ぶためにはどのような工夫が必要か、安全確保は何に気をつけるべきか、という内容を扱っている。

例えば、人気の科学遊び「スライムづくり」ひとつをとっても考えるべきことはたくさん。未就学児にはどんな素材が最適なのか、誤飲などの安全上の課題をどう防ぐか、などの観点も重要だ。そして、科学の楽しさをどう表現するか。発達段階に応じたこども向けの科学教育は奥が深い。

指導する学生は9割が女子。学生の中には、理系科目を積極的に選択してこなかった子もいるが、担当した学生から「はじめて科学を面白いと思えました」と言われた時は、報われた。将来こどもに関わる仕事をするからこそ、心底本人に「面白い」と感じてもらいたい。

学生の研究旅行に同行し、オーストラリアの幼児向け科学教育を学ぶ機会もあった。アメリカのカリフォルニア大学でも感じたが、活動目的は同じでも、文化や歴史が異なれば表現方法も変化する。

オーストラリアは、さまざまなルーツを持つこどもたちがいて、多文化主義が根付いている。先住民であるアボリジナルの人々の文化を尊重し、自然へ敬意を払う様子が随所に見られる。

日本に生まれ、日本に育った私は、どんなふうにこどもたちに科学を伝えるべきか、を深く考えさせられた。

大学で教える私、休日の私

私が大学で講義をしていると友人に伝えると「本当に?」と驚かれることもあるのだが事実である。そんな私が大学での授業がある日はどんなスケジュールで過ごしているのかをお伝えしたい。

【大学での一日】

・8時半には出勤し、1時限目の授業を行う。昼食後は、研究室で仕事。事務的な仕事や、大学主催のキャリア教育、地域向けの体験教室などのイベントを担当することも多い。午後の授業の合間に、メール対応や会議に出席。夜8時ころに退勤し、帰宅後は論文執筆などを行う。

・学生の進路相談に乗ることもしばしば

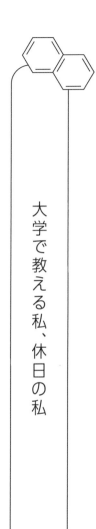

大学で指導しているのは、保育の勉強をする学生たちだが、就職先はさまざま。授業を受けて、クリエイティブなこと（映像・発信）をやりたい、科学を伝える仕事をしたい、と考えが変わる学生もいる。相談を受け、相手の話をしっかり聞いて、具体的に何をどのようにやればいいのかを話し合う。学生の進みたい進路の相談相手が、他の人が適役ならば、私のネットワークの中から適任の人との会食をセッティングしたり、インターンの機会を設けたりする。人と人とをつなぐ役割が増えてきた。

また、サイエンスエンターテイナーと大学での講義や研究、その他の活動をどのようにこなしているのかと不思議がられることもあるが、その方法はいたってシンプルだ。常にさまざまな仕事や締め切りを抱えているため、ベンチャー勤務時代に学んだ時間管理の方法を継続している。

- やるべきことをリスト化して、優先順位をつける。
- Googleカレンダーに30分ごとにスケジュールを組み、仕事を進める。

とても毎日が充実しているのだが、悩みがあるとすれば会う人が仕事関係に集中していること。話題も、仕事のことばかりになりがち。こんなに仕事三昧でいいのか、と時々我に返る。でも、今はこの生活を自らの意思で選んでいるので幸せだ。

【休日の過ごし方】

2か月に一日くらいは、一日まるごとオフの日を確保するようにしている。ある週末は、どうしても銅山に行きたくなった。しかし、銅の生成や産出について調べ、銅山の歴史や諸々をリサーチするうちに、週末は終わってしまった……。

仮にドライブに出かけたとしても、カーブを曲がる時に遠心力について数式を思い浮かべたり、同乗者に遠心力がかからないようにしよう、など随所で科学愛が顔を出してしまう。

余暇にダンスを人に教える時も、発想が理系っぽいと言われることがある。「衝撃をコントロールして」「初速をこれくらいにして」「どれくらい加速させて、溜めるかだよ」など、つい物理用語で語ってしまうのが、新鮮に聞こえるらしい。

科学もダンスも、国境を超える

科学の楽しさを伝える相手は、多い方が良い。そう考えて、活動初期からいつか海外でもショーを楽しんでもらいたい、と思っていた。科学の原理もダンスも、言葉や国境を超えられるから。

「科学」×「海外」という方向へとアンテナを張り、海外での仕事に関連する情報や可能性を探し続けた。結果、幸運にも、２０１８年にはカリフォルニア大学で10代に科学を教えるワークショップに参加する機会を頂き、２０２０年からは国際科学オリンピック応援団を務めさせてもらっている。

そして、２０２２年のある日、参加していた学会のメールニュースで気になる記事を発見した。

ドイツでは、ベルリンの壁崩壊にちなんで、既存の壁を壊して社会にインパクトを与える世界中の研究を表彰する「Falling Walls」という、国際的なイベントが毎年11月に開かれている。その中に、『Falling Walls Science Breakthrough of the Year 2022』という科学部門もあるとのこと。

既存の壁を壊して社会にインパクトを与える……その主旨に共感するとともに、ベルリンに行きたい！という思いで、すかさずエントリーすることにした。

そして、応募から3か月後、運営団体から2023年秋には、『Falling Walls Science Breakthrough of the Year 2022』サイエンスエンゲージメント部門において、なんと66か国193のプロジェクトの中から20人に選ばれたとの連絡があった。

私が選出されたサイエンスエンゲージメント部門では、人々の生活に対する長期的な改善と科学的発展に不可欠となるような機会を提供する個人や団体を表彰しており、私の全国各地でのダンスを取り入れたサイエンスショーなどの取り組みや研究が、評価されたようだ。

受賞の連絡を受け、「これでドイツでもサイエンスショーができる！」ということに喜びを感じた。
「世界の20人」の最終選考と表彰式は、ドイツのベルリンで行われることとなり、多くの方々のサポートを得て、お琴の音なども交えたヒップホップ音楽にのせて着物でダンシングバターシェイクを披露。観客の度肝を抜いた……気がする。事前の会場練習では生クリームをぶちまけてしまったりと、いろいろやらかしつつも、無事に授賞式を終えることができた。

この他、国の施策に関わる活動として、外務省の国際女性会議WAW!(World Assembly for Women)に、ジェンダー平等と女性のエンパワーメントを国内外で実現するための取り組みとして登壇し、理系女性のキャリア開発について講演させていただいた。

世界は広い。日本では自分ひとりの活動のように思えても、世界には志を同じくする仲間がいるかもしれないし、もっとやりたいことに近づけるかも。そう考えれば、世界は可能性に満ちている。世界に向けてアンテナを張りめぐらせてみよう。

“Will”“Can”“Must”の力

サイエンスエンターテイナーとして、科学教育を研究する者として、若い世代に科学の楽しさを伝える者として常に大切にしているのが、“Will”“Can”“Must”という物事を考えるアプローチの視点。私自身、このやりたいこと・できること・求められること、の3つが重なり合う場所を探し続けてきた結果、ダンスと科学を両方表現できるサイエンスエンターテイナーという仕事に行きついた。

やりたいことを見つけるのって、本当に難しい。私は自分にとって何が大切かを知るために、過去の写真を全部見て、いつ自分が笑っているかを分析したことがある。そして、自分はステージに上がってダンスをして、誰かが喜んでくれている時に最も笑顔だった、ということに気づいたのだ。

どんな時に自分の感情が動くのかを考えたり、誰かに言われなくてもやっていることを振り返ってみると、好きなことを見つけるきっかけになるのではないか、とその時感じた。そうやって自分と向き合っていくことで、自分の進む道を一歩ずつ踏み出せるのではないだろうか。

“Will”“Can”“Must”の重なりは、時の経過とともに変わっていく。私の場合、最初は「サイエンスエンターテイナー」という職業にこの3つの重なりを見つけ、活動を始めたが、さまざまな体験を重ねていく中で、徐々に自分の言葉で自分らしく科学を語る楽しさにも目覚めた。ポッドキャストで『ドタバタ科学《サイエンス》ラジオ』というインターネットラジオ番組を始めたのもその一環である。

サイエンスショー自体も少しずつ変化をとげ、ショーの中で科学の話をする時間も増やしている。「最近、こんなことがあってね〜」「いやいや、あのニュースには驚きました！」と、もはやサイエンス漫談のような入り方の時もあるが、お客さんとの距離が縮まった気がする。サイエンス漫談も、ダンスも、実験も、うまく組み合わせていければと思う。

科学の原理は普遍的なもの。その普遍的な原理を、自分の言葉で伝えるから楽しい。中高生のころは、科学の楽しさをひとりで心に秘めていたが、今の私には伝えるべき相手がたくさんいる。これって、とても幸せなことだと実感している。

column

5

理系を選択する女性たちへ

科学愛を語る本だからこそ、ショッキングな現実にも触れておかねばならない。実は、日本における理系に進む女性の割合は、OECD（経済協力開発機構）加盟国の中でワースト1。（図1参照）

分野を細かく見ると薬学・医学・看護学や農学系は女性比率が高めだが、工学・理学系の女性比率は低い。特に工学・製造・建築分野での高等教育機関の卒業・修了生に占める女性の割合は16％にとどまっている。

OECDが実施している学習到達度調査（PISA2022）によると、15歳時点の日本の女子の数学的リテラシーと科学的リテラシーの点数は、OECD加盟国の男子・女子の平均を大きく上回る。しかし、科学・数学リテラシーに差はなくとも、高校三年では理系を選択する割合は男子27％に対して女子16％と落ち込む。＊1

これに対し、内閣府男女共同参画局は、「理工系の進路・職業選択は男性向け」という固定観念が社会に存在し、女子生徒は環境や、教師・保護者からの声かけなどに影響を受けているのではないか、という見解を示している。

この状況を打開すべく、内閣府男女共同参画局による「理工チャレンジ（リコチャレ）」や科学技術振興機構による「女子中高生の理系進路選択支援プログラム」などが実施され、生徒・保護者・教員を対象に、職場見

図1　OECD加盟国の高等教育機関の入学者に占める女性割合

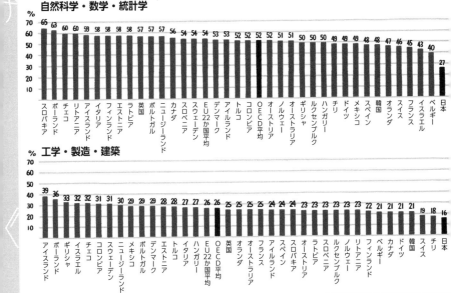

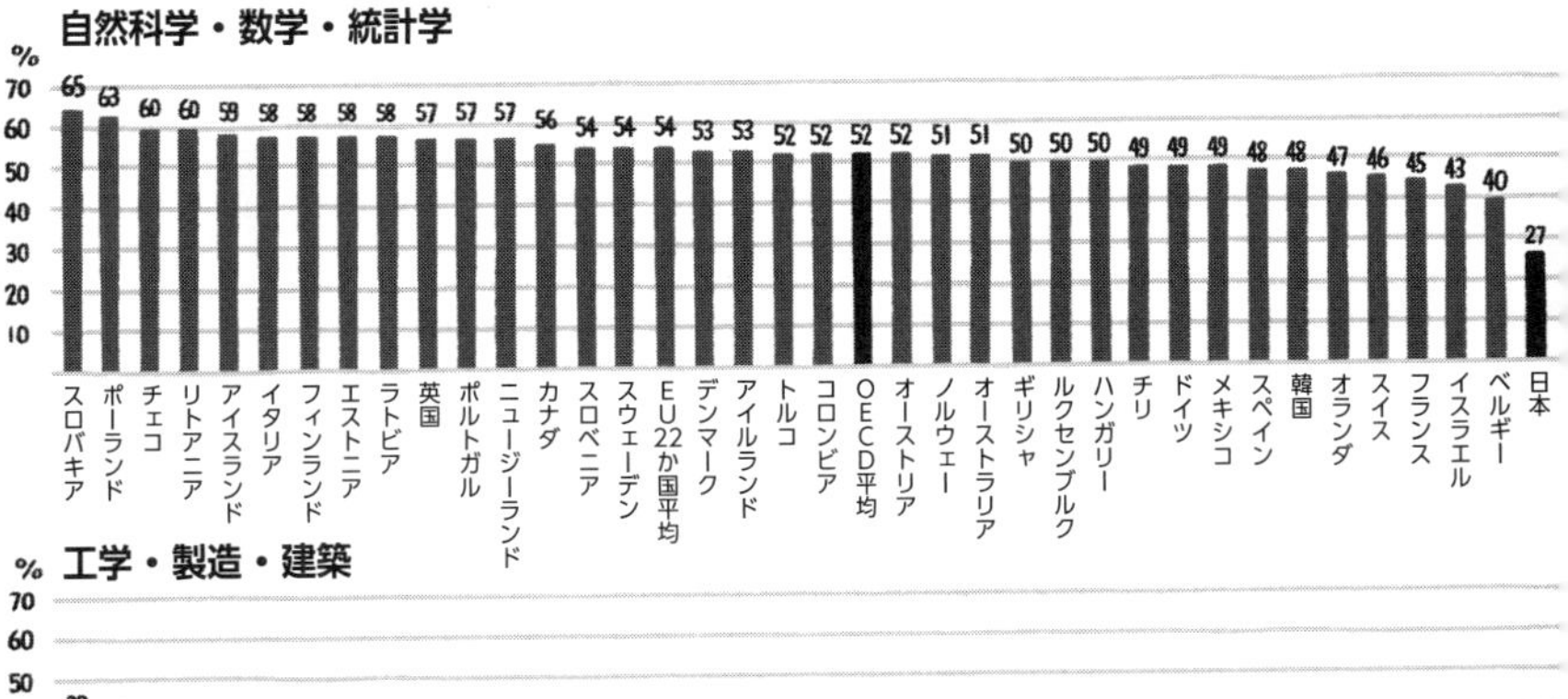

内閣府「Society5.0の実現に向けた教育・人材育成に関する政策パッケージ」概要．p .5
https://www8.cao.go.jp/cstp/tougosenryaku/11kai/siryo3_2.pdf　より作成

学や仕事体験、先輩理系女性の講演やネットワーキング形成などが行われている。

文部科学省は2013年度入学の大学入試から、総合型選抜（旧AO入試）や学校推薦型選抜枠で、理工系分野に「女子枠」を創設するよう各大学に促している。さらに、女子大学に理工学部を新設する動きも増えてきたが、日本において理系に進学する女性が少ない原因について、横山広美教授を中心とする研究グループが先行研究*2をふまえ、その理由を考察している。*3

その理由は以下の4つである。

①理工系は男性の得意分野であるというステレオタイプな考え方
②女子の理工系早期教育の経験不足
③理数系科目における、女子の自己効力感の低さ
④男女の役割についての社会風土

横山教授たちの研究からは、理系に女性が少ないという問題は、単なる個人の選択ではなく、社会の問題であることがわかる。

さらに言うと、理系の進路は時代とともにどんどん新しい選択肢が増えている。ＡＩ、量子技術、デジタルものづくり、ＳＤＧｓ関連、再生医療、遺伝子治療、ＤＸ（デジタルトランスフォーメーション）など、数十年前にはなかった仕事が、現在の私たちの生活を支えている。

科学技術の変化は著しい。読者の中からは、現時点では存在しない仕事や分野で働く人たちも出てくるだろう。10年後、20年後には、現在、あなたが見ている風景とは違う景色が見えているかもしれない。

＊１　国立教育政策研究所（2013）「中学校・高等学校における理系進路選択に関する調査研究最終報告書」

＊２　Cheryan, S., Ziegler, S. A., Montoya, A. K., & Jiang, L. (2017). Why are some STEM fields more gender balanced than others? Psychological bulletin, 143(1), 1-35.

＊３　https://www.ipmu.jp/ja/20210324-STEM-participation

6章

「理系」の先にある
キャリア

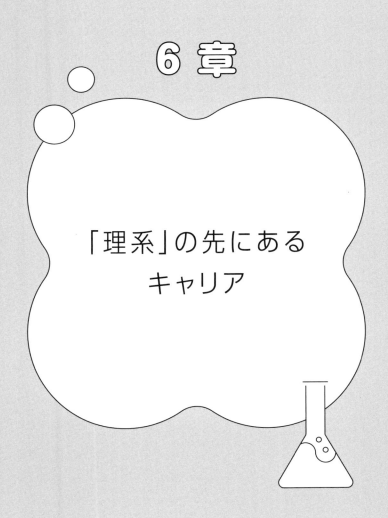

進路とは迷いながら進む道

サイエンスエンターテイナーの仕事と並行して、大学での教育・研究を続けるかたわら、ありがたいことに中学校や高校で講演の機会を頂くことが増えてきた。

講演の内容は「サイエンスエンターテイナーになるためにはどうしたらいいか、生徒たちに伝えてください！」という相談は意外と（？）少ないのだが、講演を依頼してくださる先生方からは、生徒たちが理系の進路を選んだ先にどんなキャリアがあるかを考えられる話をしてほしい、と言われることがある。

「理系」の先にあるキャリアは、もちろん千差万別で多様である。

私が伝えられることは、自分で選んだ道に無駄はないということ、すでにある選択肢からどれかひとつを選ぶことだけが大事なことではない、ということだ。

そして、私自身自分の好きなことをあきらめたくない、という選択肢の先にあったのが、サイエンスエンターテイナーだったわけだ。

多くの人が「理系」の職業として思い浮かべる仕事に、医師、科学者、エンジニア、プログラマーなどが挙げられるが、これ以外の選択肢も無数にある。だが、「理数系が得意なら、医学部へ」とステレオタイプの進路を示されることもまだあるという。「親は医学部を勧めるけれど……」「先生や親からは、早く就職した方がいいと言われる」という相談を生徒から受けることもしばしば。本人が希望しても、理系進路への周囲の理解が追いつかないこともあるので、学生だけではなく保護者や先生方もいろんなロールモデルになる方々の講演会などにぜひ足を運んでいただければと思う。

私の場合は、“Will”“Can”“Must”(やりたいこと・できること・求められること)の3つが重なり合う場がサイエンスエンターテイナーだとお伝えしたが、この道を見つけたのは30歳目前。科学の楽しさに目覚めた中学時代から15年以上模索し続けた結果、たどりついた場所だ。

この本を手に取ってくださった方の中には、まだ自分の夢や進みたい道が見つかっていない方も多いだろう。そんな方たちの参考になればと、これまで進路・キャリア相談で頂いた質問をいくつかここでご紹介したい。

「大学の学部選びに困っています。化学や物理が好きですが、理数系の科目の成績が良くないので、自信が持てません」（高2・女子）

「理系に進みたいのですが、誰に相談すればよいかわかりません」（高1・女子）

キャリアの講演で地方の学校へ行くと、大勢の前では質問がなくても、後から「少し相談があるのですが……」と声をかけられることがある。「先生や友達に知られたくないので……」と、教壇の下で個別に相談を受けたこともある。

話を聞いてみると、

「親に進路の相談ができない」

「友達は地元に残る子が多いのに自分は上京できるのか」

「今の学力では目標の学校に合格するのは難しい」

「自分のやる気をどう保つか」

「そもそもどんな進路があるのか」

といった不安や悩みを抱えている方に伝えたいのは、理系といっても、その進路は無限大である、ということだ。

一口に、理系の大学に進学するといっても、さまざまな学びがある。例えば、東京大学のように一・二年生のうちは全員が6つの科類（文科一類・二類・三類、理科一類・二類・三類）に分かれて教養学部に所属し、三年生からそれぞれの専攻に進む大学もあれば、受験時にすでに専攻を決めて入学する大学もある。

私は、大学入試の出願時点ではまだ「この分野を研究していきたい」という希望が固まっていなかったので、機械、電気、物理、化学、数学、情報など領域の枠を超えて新しい機能の創造を探求できる上智大学理工学部機能創造理工学科を選んだ。さまざまな分野に触れたかったからだ。一年生から専門分野を限らず学べる学科もある。

大学入学後は、高校時代には想像もつかなかった科学の世界の広さを知ることができた。「理系に進みたいけど、理学部がいいのか、農学部がいいのか、工学部がいいのか迷っている」という人は学際的な学部への進学を検討してみてもいいと思う。

そして、理系の学問を学べる場は、もちろん大学だけに限らない。特に工学系の勉強をしたいのであれば、高等専門学校という選択もある。中学卒業後、五年間一貫教育で、実験・実習を重視した教育を受けることができる。さらに、卒業後は就職、ならびに大学への編入という選択肢もある（2024年4月現在58校の高等専門学校がある）。

大手の予備校のウェブサイトにも、「自分の興味のある分野が、どの大学のどの学部で学べるか」という内容が掲載されている（河合塾　学問・大学選び支援サイト「みらいぶっく」https://miraibook.jp/）。

他にも、自分が興味のある仕事をしている人に、どのようにして今の職業についたのかを質問するという手もある。事前に電話やメールで問い合わせたり、その人がSNSのアカウントを持っているなら、直接メッセージを送るのもひとつの方法だ。マナーやタイミングに配慮した連絡を心がければ、相手にも対応してもらいやすいだろう。

そして、自分の関心と近い学部がある大学を見つけたら、オープンキャンパスなどで訪問してみよう。地域的に離れている場所にあり訪問が難しい場合も、複数の大学が参加する大学フェアならば教職員からの説明を受けたり、直接質問する機会が用意されている。

「やりたいことが見つかりません。そもそも、見つけなければいけませんか?」(中3・男子)

もちろんこんな質問も受ける。

私は、サイエンスエンターテイナーという職業にたどりついたが、学生時代には漠然とした職業観しか持っていなかった。だから、今、やりたいことが見つからないからといってあせることはないと思う。

やりたい仕事はさまざまな経験を通して偶然見つかることもあるので、「こんな方向性でヒントはないかな」と、アンテナを張っておくことで視界が開けていくのではないだろうか。

ある理系学部の大学生からは、「自分がやりたいことは、既存の理系の職業に当てはまる気がしません。YouTube発信などをやってみようかと思います」と相談を受けた。「自分で情報発信する」という目標を見つけたなら、ぜひ一歩踏み出してほしいと背中を押した。

女子学生からは、理系の仕事をする女性がもともと少ないため、身近にロールモデルが見つかりづらいという声を聞くこともある。

そういった課題に取り組むため、国や企業・大学が、理系女性研究者などのロールモデル紹介や講演会などを行う動きが増えている。＊1＊2

「理系学部への進学の意志を示したところ、理系に進んでちゃんとやっていけるのか、苦労するのではないかと親が心配しています」（高1・女子）

世の中は、ジェンダー格差*3をなくす方向に進んでいるが、まだ「女の子だから、理系に進まない方がいい」と考える人たちもいるようだ。例えば、「理系の仕事は男性向き」であるというステレオタイプがあることを示した日本の研究もあるが、現実として、理系の学部において女性は少数派である（もちろん学部により割合の偏りはある）。

理系の学部は研究室に寝泊まりして研究に没頭するという話も聞くので「体力的に女子は大変では？」と心配する保護者もいるが、「自分の選んだ研究分野であり、研究が面白い」限り大きな問題はないと私は経験から思った。

「女性が理系の研究職や仕事につくと、出産・子育てと仕事の両立が大変なのでは？」という声には、近年、出産・子育てのサポートを手厚くする大学や企業が増えていることもお伝えしたい。組織内のロールモデルになる先輩女性をメンターとして配置するなど、ソフト面でも環境を整えようという動きが高まっている。

STEAM教育の研究のため渡米した時に目の当たりにしたのだが、アメリカでは理系を選択した女性に対して「まわりからの心配にどう対応するか。心配されて不利になる状況をどう防ぎ、説得するか」を具体的に教えたりしていた。男女平等で先んじているはずのアメリカでも、日本と同様の悩みが多いということに驚くとともに、自分でキャリアを切り拓く教育を徹底して行う様子に感嘆した。

「魚が大好き、魚に携わる仕事は何がありますか？」（中2・男子）

「好きなことを仕事にしたいけれど、経済的に自立して生活できるのか心配です」

「この仕事で食べていけるのだろうか」

これは、進路や職業選択をする際に誰もが考える問題。

幸運にも私はサイエンスエンターテイナーや科学を教える仕事を通して、専門分野を活かして経済的にも自立も実現できているのでとても充実しているが、最初は、ボランティアや勉強を重ね、ホームページで自身の活動を発信するところから始めた。

科学好きが集まる場ではなく、まったく科学に縁のなさそうな人たちに科学の楽しさを伝える、という使命に気づいたのは、試行錯誤しながら発信し、皆さんの反応を観察して学んだからである。何事もまずは行動し、それを継続していくことが好きなことを仕事にしていくために必要なのではないだろうか。

＊1　国立研究開発法人 科学技術振興機構
https://www.jst.go.jp/diversity/activity/research/rollmodel.html

＊2　Microsoft社がヨーロッパ12か国で11～30歳の女性11570人を対象に実施した調査によると、ロールモデルがいない場合は21％がSTEMに興味を示すのに対し、ロールモデルがいる場合は約2倍の41％がSTEMに興味を示したそうだ。
https://waffle-waffle.org/2020/04/17/rolemodel/

＊3　社会的・文化的な性別（ジェンダー）にもとづく偏見や、男女の雇用・賃金格差といった経済的な不平等。

自分の「好き」を分析してみる

さらに、「好きな物事を突き詰めて研究したい」といってもいろんな切り口があるということをお伝えしたい。

例えば、あなたが「恐竜が好き」なら、どんな進路が考えられるだろうか。恐竜の起源や多様性・進化に関心があるのなら「進化生物学」、恐竜の絶滅や、地質・化石を調べ地球の変遷にも迫りたいのであれば「層位・古生物学」、発掘された恐竜の骨から、その姿を展示して多くの人に知ってもらいたいという気持ちがあるなら「文化財科学・博物館学」など、アプローチはいろいろだ。さらに詳しく見ると、博物館での科学関連の仕事には、「展示物を科学的に分析」「展示物の保存修復」「一般の人に伝えるためのサイエンスコミュニケーション」なども含まれる。

これらのなかには、文系・理系と切り分けられない仕事も多数存在している。そしてこれから生まれる新しい仕事においても、分野を横断したアイデアや知見が必要になっていくだろう。

「理系に進んだとしても、どんな職業につくのかイメージが湧きません」（中3・女子）

私も、長い間、自分がやりたい職業のイメージを持てなかった（その結果、自分で職業を創ることになったのかもしれないのだが）。新卒の時、技術と社会をつなぐ仕事をしたかったので、東芝に入社し、ＥＴＣシステムのセールスエンジニアになった。実際に仕事を始めてから、だんだんと自分がしたい仕事が具体化してきた気がする。

さらに、技術の進化や時代の変遷とともに、新しい仕事や職業がどんどん出現しているため、現存の職業に自分を当てはめてしまうのはもったいない気がする。私のように、「サイエンスエンターテイナー」という職業を創る人間もいるのだ。知らない職業に出会える楽しみ、新しい職業を創り出す喜びが待っているので、恐れず進んでほしい。

たとえ、自分の「好き」なこと、「得意」なこと、「できる」ことがあったとしても、それが社会から必要とされていなければ、それを提供したところで、対価を得られる「仕事」とはなりにくい。大事なことは、相手が、そして社会が「何を求めているか」を知ること。相手が求めるものを、自分が提供できるならそれは「職業」として成り立つ。

「自分が求められているものは何か」

意外なところで、あなたのできること、やりたいことを求めている人たちがいるかもしれない。

高校生向けの講演会でこの話をすると、

「できること、やりたいことはあるが、求められるという視点はなかった。もっと、社会に目を向けようと思う」

と感想を頂くことが多い。自分のため、そして、社会のためになる役割は、皆さんひとりひとりにきっと用意されているはずだ。

「地方の高校生です。大都市に比べて、進路に関わるイベントなどが少なく、情報が入手しにくいのではないかと不安です」（高1・男子）

私は、地方の中高生を対象に、進路・キャリアについて語る機会を頂くことも多い。O-Like《オーリケ》私立学校理工系人材育成支援事業を行っている大分県には講師として何度か伺っている。地方に行くたびに、その地域を代表するものづくりの企業と出会い、目を開かされる、そして、伝統産業を含め、地方独自のものづくりの面白さやこだわりに好奇心が刺激される。

ただ、大都市に比べて、進路に関する選択肢や情報が入手しづらいという指摘は否めない。しかし、学校や塾の先生に相談、進路情報が集まるウェブをチェック、複数の大学が出展する大学フェアに参加するなど、情報を集める方法はある。

科学や数学好きなら、5章で紹介した国際科学オリンピックにチャレンジするのもおすすめだ。オンラインで申し込みができ、同じような関心を持つ世界中の人たちと切磋琢磨できるし、進路についても考えが深まるのではないだろうか。地方にいても、オンラインとリアルを組み合わせた情報収集は可能だ。

「娘は理科が大好き。その気持ちを育み、伸ばすためにはどうすればいいのでしょうか」（40代・保護者）

進路についての相談は学生からだけではなく、保護者の方から頂くこともある。こどもの個性を尊重したくても、保護者がどんなサポートをすればよいのかわからない、という声も。

近年、理系を選んだ学生をサポートするさまざまな取り組みがある。145ページで、若者・女性の進学をサポートする取り組みで主なものを紹介する。助成金が受けられることがわかったある保護者は「これで顕微鏡を買ってあげることができる！」と喜んでいた。

もちろん、単純に「文系だから、理系だからこの仕事ができる」というわけではないし、仕事における素質をそれらで分けることは難しいのだが、それぞれの思いや希望を閉じ込めることなく、自らの進む道を創っていける社会になれば、と思っている。

若者・女性の進学をサポートする取り組み

○ メルカリ創業者　山田進太郎D&I財団 STEM（理系）女子奨学助成金

https://www.shinfdn.org/
理系進学を目指す女子学生を対象にした奨学助成金。
抽選で500人に10万円を支給。返済なし。所得制限なし。
応募時点で文理選択に迷っていても応募可能。理系分野で学ぶ女子学生を増やし、理系職種のジェンダー・ギャップを埋めることを目指す。
※2024年度は高等学校または高等専門学校の1、2年生が対象。

○ 内閣府男女共同参画局　リコチャレ

https://www.gender.go.jp/c-challenge/
職場見学・仕事体験・女性技術者や研究者との交流など理工系の仕事や将来に触れられるイベントを開催したり、ロールモデルの紹介・ネットワーク形成、人口5万人以下の自治体や学校へ出前授業なども行う。

○ O-Like 私立学校理工系人材育成支援事業

https://www.pref.oita.jp/soshiki/11830/o-like.html
地方（大分県）での理系女性人材育成の取り組み例として、職場見学ツアーやロールモデル交流を実施。

○ 理系女子未来創造プロジェクト

https://rikejocafe.jp/
理系女性を応援する企業が運営する、学生参加型の理系女子大学生・院生のコミュニティ。インターンシップ情報、キャリア座談会、交流などを行う。

おわりに

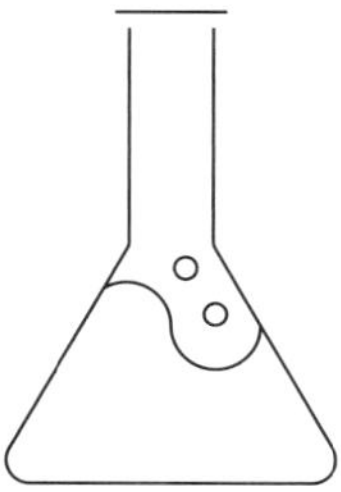

「将来、何になりたいの？」

こんなふうに問いかけられるたび、10代の私はいつも戸惑っていました。そもそも、私のやりたい仕事は、就職活動で探す職業にはなかったから。大人たちには理系の大学の学生らしく「エンジニア」と答え、その通りはじめは大手企業のエンジニアになりました。

でも、その仕事が本当に自分に合っているのか、よくわかりませんでした。つくづく、私はわがままだと思うのですが、悩み続け、問い続けたからこそ、自分が「これだ！」と納得できる職業にめぐり合うことができました。自分の仕事という鉱脈は、こっちでもない、そっちでもない、と掘り進めて、やっと探し当てることができるものなのかもしれません。

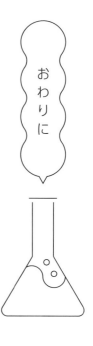

自分のやりたいことが、既存の職業に当てはまらない場合もあるでしょう。私の場合、通りすがりの人たちに科学への興味を持ってもらいたいと、必要に迫られて、踊りながら実験をしてみたところ、多くの人たちが笑顔で受け入れてくれたことで、〝サイエンスエンターテイナー〟という職業が生み出されたのです。まさに「必要は発明の母」。

人生はあらかじめ想定した通りにはなかなか進まないものです。私もことごとく読みが外れたり、逆に思わぬ場所で花開くこともありました。でも、立てた仮説を検証し、違っていればやり直せばいい。そう考えるとなんだか人生って科学の実験と似ていませんか？

この本を手に取ってくださった理由は皆さんさまざまだと思いますが、今、かつての私のように進路や人生に迷っている人がいたら伝えたいことがあります。

これからも、自分が求められる場所は、時代の変化によって変わり続けていきます。

こんな不確定なことがますます増える社会だからこそ、自分の好きなことを信じてほしいです。自分にないものに目を向けるのではなく、すでに今自分が持っているもの、愛するものに目を向け、大切にしましょう。

この本は、科学に少しでも興味をお持ちの方には、もっと楽しめる方法を伝えたいと願って、書きました。もしそうでなくても、純粋に「こんな生き方もあるんだ」とくすっと笑いながら読んでいただけたら幸いです。まだ三十数年の私の人生ですが、大きな壁を前にドタバタしたり、頭をぶつけたり（本当にぶつけて流血したことも！）、心揺さぶられた経験が、何かのお役に立てれば嬉しいです。

そして、もし、かつての私のように将来について悩んでいる人がいたら、それはチャンスかもしれません。

自分の好きに向き合った結果、万一〝サイエンスエンターテイナー〟になりたいという人がいたら、大歓迎！

世界を舞台に、一緒にダンスをしながら、バターを作ってくれる仲間を、私は本気で待っています。

今日も私は、かつての自分のように、科学に興味がなかった子にも振り向いてもらいたい、という気持ちで生クリームをシェイクし続けています。

五十嵐美樹

あなたも
サイエンス
エンターテイナー
になれる!
科学実験

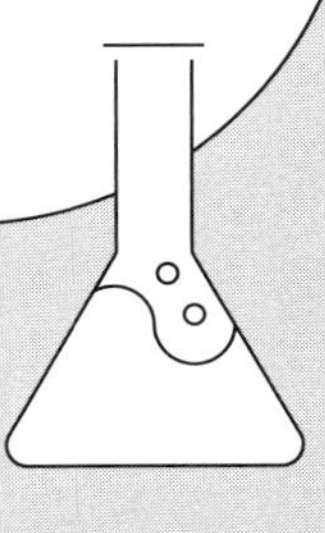

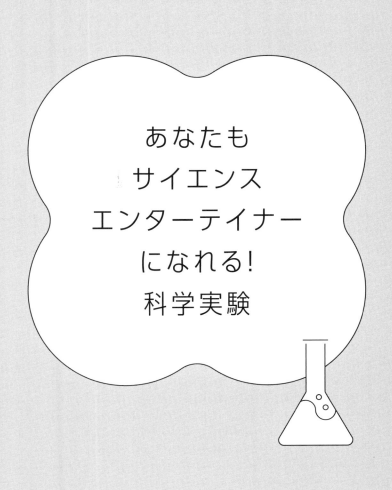

あなたもサイエンスエンターテイナーになれる!

科学実験 1

生クリームをシェイクするとバターができる、水は振ったらどうなるの?

私は、踊りながら生クリームをシェイクしてバターを作る実験をしていますが、水はシェイクし続けるとどうなるのでしょうか?

外の熱が中の内容物に伝わりにくく、内容物の温度変化に影響を与えにくい水筒の特長を利用し、水に振動を与えた時に起こる水温の変化を調べてみましょう。

用意するもの

・水筒（真空断熱・保冷効果のあるもの）
・温度計
・水
・グラフ用紙

手順

❶ 水筒の中に水を3分の1程度入れる。中の水と水筒の温度が同じになるように1日放置し、振る前の水の温度を温度計で計り、記録する。

❷ 水筒のフタをしっかりと閉めて、1000回程度振る。振った後の水の温度を温度計で計り、振る前に計った温度と比較する。

❸ 水筒を振る回数と温度の変化をグラフにまとめ、振る回数と温度の関係を調べる。

ポイント

●温度計は正確な値を示すのに少し時間がかかります。水に温度計をさした後、示す値が安定してから記録するようにしましょう。

解説

この実験はあるラジオ番組に出演した時に行ったものです。H_2Oというデュオ（水分子の化学式！）の名曲『想い出がいっぱい』に合わせてラジオDJの方に3分40秒ひたすら水筒を振り続けていただきました。

水筒は外からの熱が伝わりにくい構造となっているため、手の温度は水の温度には影響しません。

そして、振動を加え続けたことで、水筒内の水の温度が約1℃上昇しました。

水に運動を加えて温度が上がったのは、加えた運動の一部が水の分子に伝わり、水の分子の運動が激しくなるためです。

この運動が熱の正体です。また、運動の激しさの度合いが温度であり、運動が激しいと温度が高いということになります。

熱い水は、冷たい水よりも分子の運動が激しくなっていて、分子の間隔も広がっています。物を温めると、少しだけ体積が増えるのはこのためです。

●冷たい水と熱い水の分子の状態

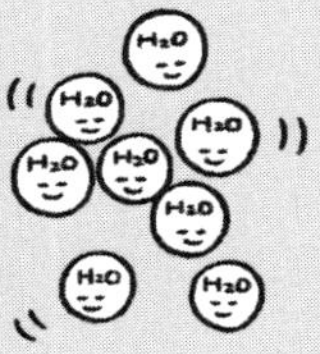

冷たい水

熱い水

あなたもサイエンスエンターテイナーになれる！

科学実験

2

牛乳とお酢でできる生分解性プラスチックづくり

材料

・牛乳100㎖
・かき混ぜ棒　※スプーンでも可。
・酢
・電子レンジ　※500Wのものを使用。
・軍手
・耐熱グラスまたは耐熱容器（2個）
・ガーゼ（30㎝四方くらい）
・クッキングペーパー
・クッキーなどの抜き型

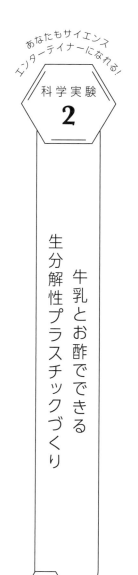

手順

❶ 電子レンジなどで沸騰させた牛乳100mlをかき混ぜ棒でかき混ぜながら、中にかたまりが見えるまで、酢を1滴ずつ加える。冷えてしまうと固まらないので牛乳が温かいうちに酢を入れる（容器が熱いので必要な人は軍手をしてやけどに注意してください）。

❷ もうひとつの耐熱グラスの上にガーゼをしき、❶の牛乳を入れ、かたまりをこし取り、ガーゼに包んだまま、3分間流水で洗う。

❸ガーゼから取り出したかたまりをクッキングペーパーの上に置いて包み、水気を取る。

❹❸で取り出したかたまりを、薄く広げ抜き型で型を取ったあと、固くなるまでレンジで何度か加熱する。電子レンジで加熱を行う際には、1分ごとにレンジから取り出し、かたまりが固くなっているか、確認する。この作業を10回程度くり返す。
(※抜き型のサイズにより、加熱時間は異なりますので様子を見ながら行ってください)

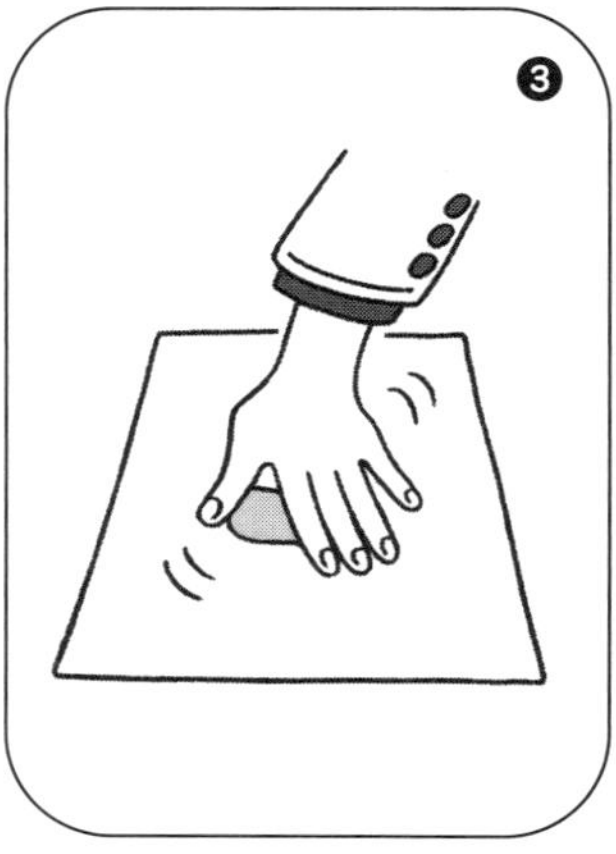

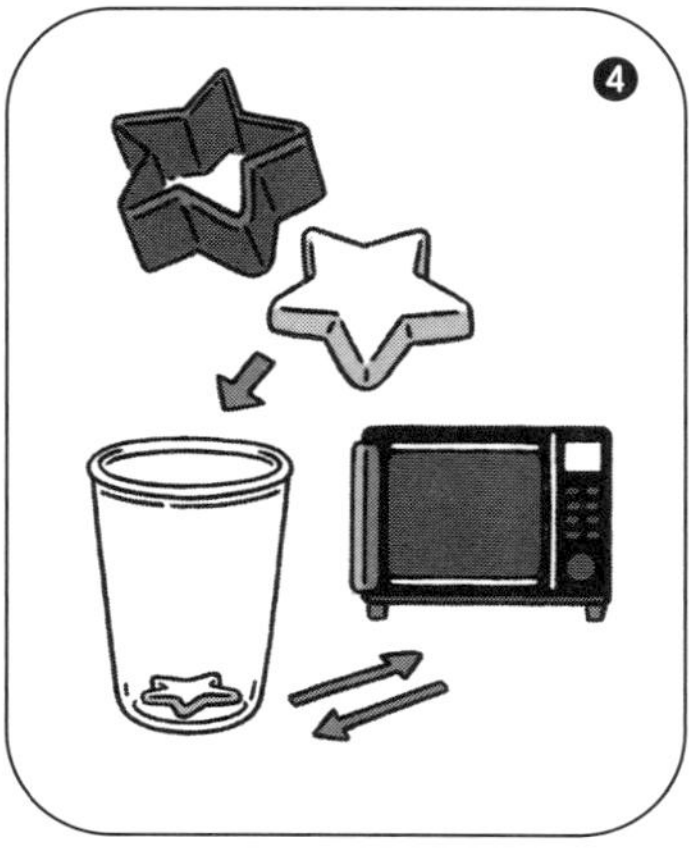

解説

　これはあるテレビ番組の企画で「冷蔵庫をゼロから作る」というチャレンジをした際に行った、家の中にあるものを組み合わせて、プラスチックを作る実験です。

　プラスチックは冷蔵庫以外にもさまざまなものに使われていますが、プラスチックっていったい何からできているのでしょう？　定義としては、「主に石油や植物由来原料により作られる合成樹脂に代表される高分子物質で、熱などを利用することにより形状を付与できる固形の物質」となりますが、実は私たちが普段飲んでいる牛乳からも作ることができるのです。

　牛乳に含まれるタンパク質に酢を加えると、タンパク質同士が集まって、ねん土のようなかたまりになります。この成分の大半はカゼインと呼ばれるタンパク質です。これに熱を加えていくと、だんだんと水分が抜けて、残されたカゼイン同士が強く結びつきます。これがカゼインプラスチックとなるのです。

テレビ番組での企画では、廃棄される牛乳を使って、持ち運べるくらいのサイズの冷蔵庫のまわりの素材をカゼインプラスチックで作ることができました。見た目は完全に冷蔵庫でした。牛乳からプラスチックを作ることができるという驚きから、こどもたちからよく試してみたい！と言われる実験です。

牛乳は「低脂肪乳」や「加工乳」など、さまざまな種類のものが販売されています。これらを使って、カゼインプラスチックを作り、固まり方や色の違いなどを確かめてみるのも面白いかもしれません。

牛乳から作ったカゼインプラスチックは、「生分解性プラスチック」といって、微生物によって分解されていきます。

あなたもサイエンスエンターテイナーになれる！

科学実験

3

空気を切り裂くような音がする？

～オーストラリアの科学館で盛り上がった実験～

材料

・紙コップ　1つ

・金属製のスリンキー　1つ

手順

❶紙コップの底面に金属製のスリンキーを取り付ける。

❷紙コップの飲み口を上向きにしてスリンキーを床に当てて弾ませる。

解説

これは学生とオーストラリアの科学館を訪れた際に、科学館で働く学生が教えてくれた実験です。

紙コップの底面に金属製のスリンキーを取り付けて、紙コップの飲み口を上向きにしてスリンキーを床に当てて弾ませると、その振動が紙コップに伝わり、映画『スター・ウォーズ』のライトセーバーのような音が出ました。紙コップにスリンキーを付けると糸電話のようにも見えますが、スリンキーと紙コップの振動が奏でる音は面白いです。

※実際の音を聞きたい方は、Podcast番組『ドタバタ科学《サイエンス》ラジオ』#26「ダイヤモンドvs黒鉛!? オーストラリアで学ぶ自然科学!Rubbishショー初体験!ドタバタモンスター!?」で聞くことができます。

あなたもサイエンスエンターテイナーになれる!

科学実験

4

白色の光が虹色の帯に!?

材料

・ラップの芯などの紙筒
・黒い画用紙
・分光シート(大型文具店、ホームセンター、もしくはインターネットでも購入できます)
・セロハンテープ
・カッター
・定規

手順

❶黒い画用紙で、紙筒の両端にフタを作る。片方のフタの中心に幅1㎜、長さ5㎜ほどの穴（スリット）を入れる。もう一方のフタには直径1㎝ほどの穴（観察窓）をあけ、分光シートを貼り付ける。

❷紙筒の両端にそれぞれを取り付ける。

❸スリット側を観察する青空、蛍光灯、白熱電球、水銀灯、LED電球などに向け、分光シートの側から、現れる虹のような光の帯（スペクトル）を観察してみる。

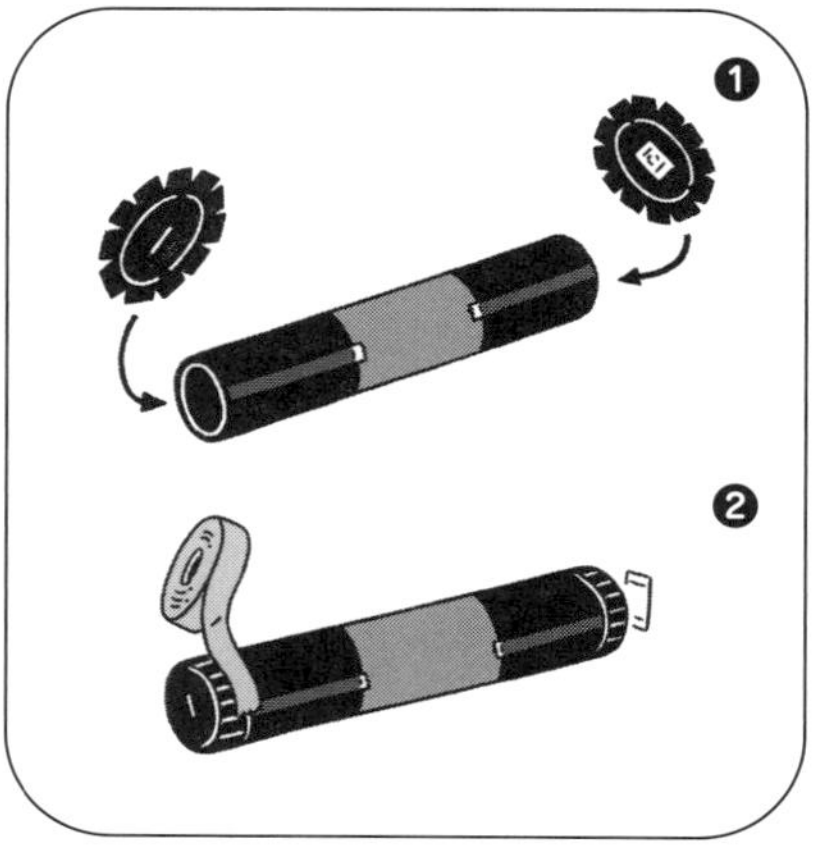

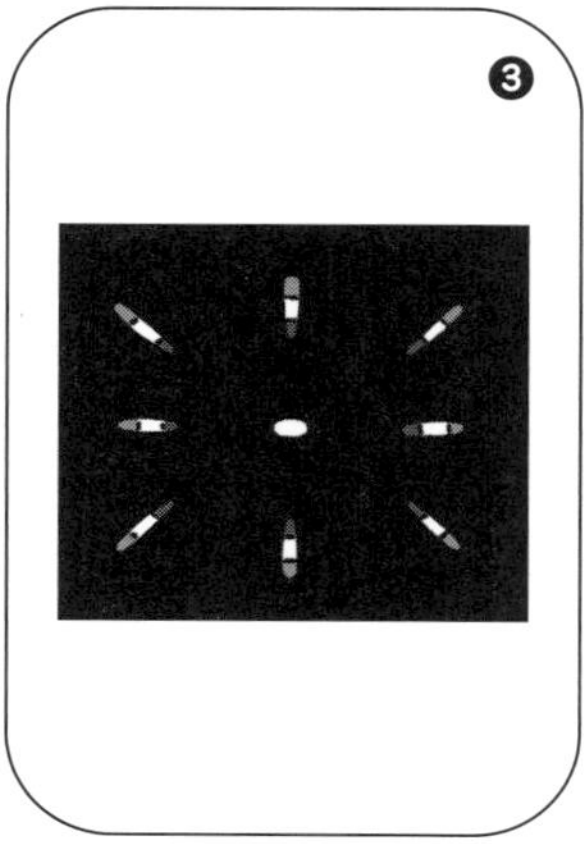

解説

分光シートは1㎝あたりに約2500本の細かい筋が格子状に引いてある透明のフィルムシートです。このような格子状のパターンによる回折を利用して、干渉縞《かんしょうじま》を作るために使用するものを回折格子と呼びます。この回折格子を通して光を見ると、光の回折と干渉によって白色の光は虹色に分かれて見えます。太陽の光はとても強く、目を痛める可能性があるのでこの分光器で太陽の光を直接観察してはいけません。太陽光のスペクトルを見る場合には、太陽と離れた青空を見ると良いでしょう。カッターやハサミの取り扱いには、十分注意しましょう。

あなたもサイエンスエンターテイナーになれる！

科学実験

5

3色から生み出す色とりどりの色

カラープリンターは、3色のインクでさまざまな色を印刷することができますが、それはいったいなぜなのでしょうか？　この謎を解くためにプリンターのインクを使って色の3原色について考えてみましょう。

この実験は、カリフォルニア大学に伺った際にSTEAM教育（Science, Technology, Engineering, Arts, Mathematicsの略）に携わる学生が実施してくれたプログラムで、現地の中高生にも人気が高かったものです。

今回は、家庭でも簡単に楽しめるようにアレンジした実験をご紹介します。

材料

・家庭用カラープリンター用インク

C（シアン・緑がかった明るめの青）M（マゼンタ・明るく鮮やかな赤紫色）Y（イエロー・黄）の3色

※詰め替えタイプのインクがおすすめです。

・透明カップ
・絵筆
・手袋
・マスク
・白い用紙

手順

❶カラープリンター用のインクC（シアン）、M（マゼンタ）、Y（イエロー）をそれぞれ透明カップに入れる。

❷ それぞれのインクを絵筆に取って混ぜると何色になるか、白い用紙にマゼンタとシアン、シアンとイエロー、イエローとマゼンタなどと組み合わせて、何色に変化するかを見る。

❸ オレンジ、紫など作りたい色を想定して、どの色を組み合わせればよいかど、予想して色を作ってみる。

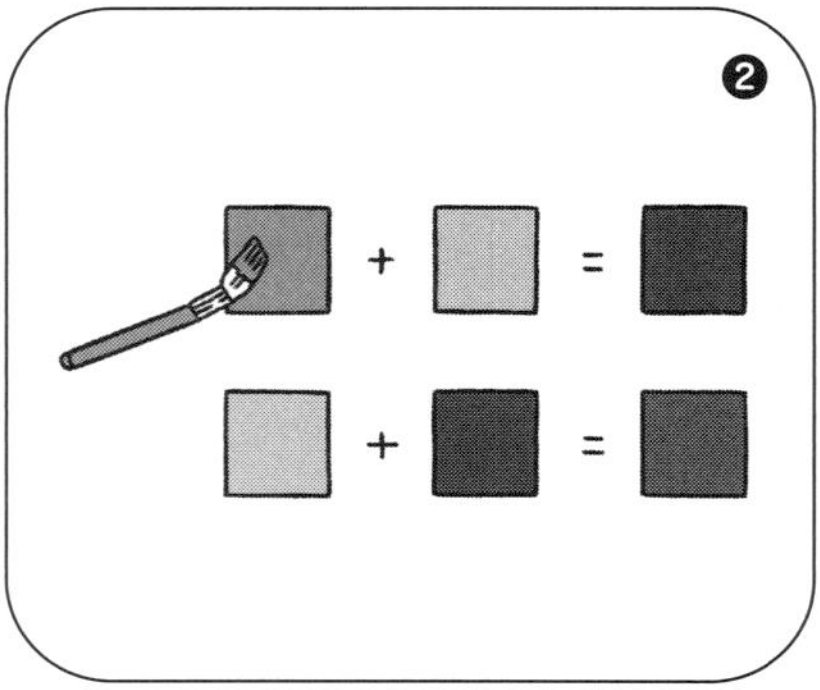

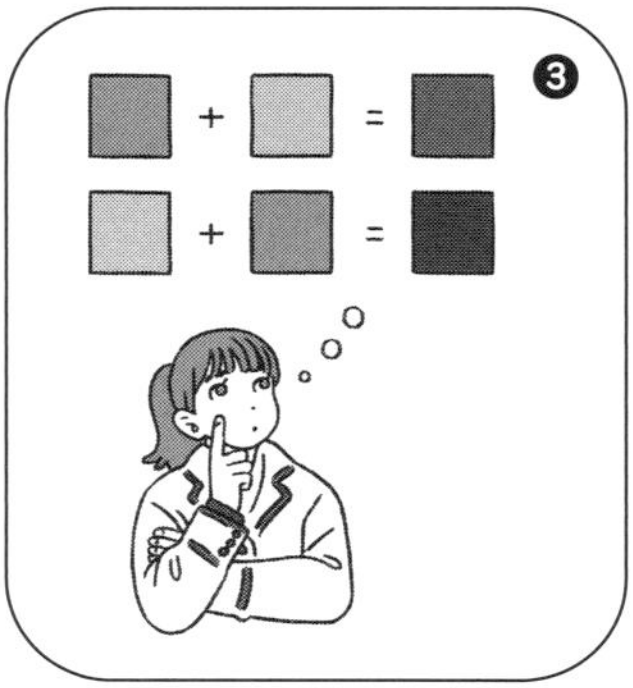

解説

カラープリンターのインクタンクを開けてみると、4色のインクカートリッジが入っています。インクがなくなって取り換える時に、見たことがある方も多いのではないでしょうか？

インクカートリッジにはそれぞれC（シアン）、M（マゼンタ）、Y（イエロー）、BK（ブラック）などと書いてあります。しかし、なぜカラープリンターに入っているのは、この4色なのでしょうか？

答えは、カラープリンターで使用するすべての色はこれら「原色」の組み合わせで表現することができるからです。原色には〝光の3原色〟と〝色の3原色〟の6原色があり、これらの色は他の色を混ぜても作り出すことができないものです。カラープリンターではこの3つの原色によって、すべての色を作り出しています。

光の3原色と色の3原色

光の3原色は、赤、緑、青の3色です。これらはそれぞれを混ぜれば混ぜるほど明るくなる特性を持っており、3色すべてを同じ割合で混ぜると白になります。光の3原色はそれぞれRed／Green／Blueの頭文字を取ってRGBと呼ばれます。

液晶ディスプレーやデジタルカメラでカラー画面を表示する際には、このRGBによってすべての色が作り出されています。

一方、カラープリンターで使われる色の3原色はシアン、マゼンタ、イエローの3色です。それぞれCyan［シアン］、Magenta［マゼンタ］、Yellow［イエロー］の頭文字を取ってCMYと呼ばれています。光の3原色とは反対に、色を混ぜれば混ぜるほど暗くなり、この3色すべてを同じ割合で混ぜると黒になります。実際のカラープリンターで黒を作り出そうとすると茶色に近い色となるため、CMYとは別に黒（BKまたはK）が用意されています。

★Attention!

実験に使用するインクは、各社の純正プリンターインクを使用してください。アレルギーなどの心配がある方は各社がアナウンスしている安全データシートも合わせてご覧ください。

参考図書：『すぐできる、よくわかる！自由研究中学生の理科　Ｎｅｗベーシック』
『すぐできる、よくわかる！自由研究中学生の理科　Ｎｅｗチャレンジ』（ともに永岡書店）
参考サイト　キヤノンサイエンスラボ・キッズ　かんたん分光器を作ろう（分光シート編）
https://global.canon/ja/technology/kids/experiment/e_03_04.html

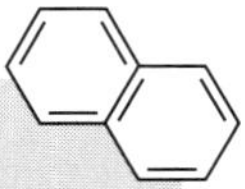

五十嵐美樹

サイエンスエンターテイナー。東京都市大学教育開発機構准教授。東京理科大学理学研究科博士後期課程、東京大学大学院修士課程修了。上智大学理工学部卒業。スタディサプリ中学講座物理講師。NHK高校講座「化学基礎」レギュラー出演中。幼い頃に虹の実験を見て感動し、科学に興味を持つ。商業施設や地域のお祭り、お寺など幅広い場所でサイエンスショーを開催し、子どもたちが科学の楽しさに触れるきっかけを創り続けている。また、キャリアイベントの講師としても活動し、理系女子未来創造プロジェクト理事を務める。女子を対象に理科教育などを実践する個人または団体を表彰する日産財団「第1回リカジョ賞」準グランプリ受賞。「Falling Walls Science Breakthrough of the Year 2022」にて日本人で初めて世界の20人に選出。

わたし、
サイエンスエンターテイナーになる!

2024年10月1日　第1版　第1刷発行

著者　五十嵐美樹

発行所　株式会社WAVE出版
〒102-0074　東京都千代田区九段南3-9-12
TEL 03-3261-3713/FAX 03-3261-3823
振替　00100-7-366376
E-mail: info@wave-publishers.co.jp
https://www.wave-publishers.co.jp

装丁　奈良岡菜摘
装画・本文イラスト　satsuki
DTP　NOAH
編集協力　岡本聡子
印刷・製本　萩原印刷株式会社

NDC 430　171P　19㎝　ISBN978-4-86621-490-0

＊本書に掲載されている情報は2024年7月現在のものです。